essentials

essentials liefern aktuelles Wissen in konzentrierter Form. Die Essenz dessen, worauf es als „State-of-the-Art" in der gegenwärtigen Fachdiskussion oder in der Praxis ankommt. *essentials* informieren schnell, unkompliziert und verständlich

- als Einführung in ein aktuelles Thema aus Ihrem Fachgebiet
- als Einstieg in ein für Sie noch unbekanntes Themenfeld
- als Einblick, um zum Thema mitreden zu können

Die Bücher in elektronischer und gedruckter Form bringen das Expertenwissen von Springer-Fachautoren kompakt zur Darstellung. Sie sind besonders für die Nutzung als eBook auf Tablet-PCs, eBook-Readern und Smartphones geeignet. *essentials:* Wissensbausteine aus den Wirtschafts-, Sozial- und Geisteswissenschaften, aus Technik und Naturwissenschaften sowie aus Medizin, Psychologie und Gesundheitsberufen. Von renommierten Autoren aller Springer-Verlagsmarken.

Weitere Bände in dieser Reihe http://www.springer.com/series/13088

Rolf Theodor Borlinghaus

Die Lichtblattmikroskopie

Biologische Strukturforschung im Querblick

Springer Spektrum

Rolf Theodor Borlinghaus
Microscopia Palatina
Sinsheim-Eschelbach, Deutschland

Ergänzendes Material zu diesem Buch finden Sie auf http://www.springer.com/ 978-3-658-16810-0

ISSN 2197-6708   ISSN 2197-6716   (electronic)
essentials
ISBN 978-3-658-16809-4   ISBN 978-3-658-16810-0   (eBook)
DOI 10.1007/978-3-658-16810-0

Die Deutsche Nationalbibliothek verzeichnet diese Publikation in der Deutschen Nationalbibliografie; detaillierte bibliografische Daten sind im Internet über http://dnb.d-nb.de abrufbar.

Springer Spektrum
© Springer Fachmedien Wiesbaden GmbH 2017

Gedruckt auf säurefreiem und chlorfrei gebleichtem Papier

Springer Spektrum ist Teil von Springer Nature
Die eingetragene Gesellschaft ist Springer Fachmedien Wiesbaden GmbH
Die Anschrift der Gesellschaft ist: Abraham-Lincoln-Str. 46, 65189 Wiesbaden, Germany

Was Sie in diesem *essential* finden können

- Eine Erläuterung, wie sich gewöhnliche und Lichtblattmikroskopie unterscheiden
- Was diese Technik mit Alchemie zu tun hat
- Wie die Technik mit den Lichtblättern in der Fotografie entwickelt wurde
- Neueste Entwicklungen auf dem Gebiet der Lichtblattmikroskopie

Vorwort

Mikroskope faszinieren jeden. Das liegt wohl daran, dass man damit Einblicke bekommt, die über die Alltagserfahrungen hinausgehen. Dasselbe gilt – wenn auch in weit geringerem Maße – für Teleskope. Und ganz bestimmt trägt der ästhetische Gewinn auch zur Faszination bei. Ein Hörgerät funktioniert so nicht. Es ist immer nur ein Hilfsmittel, mit dem Defekte ausgeglichen werden, und kein Schlüssel, der neue Erlebniswelten öffnet.

Daneben hat sich die Mikroskopie in Forschung und Technik als außerordentlich wichtiges Werkzeug etabliert. Insbesondere die Biologie wäre nicht, was sie heute ist, gäbe es keine Mikroskope. In der Geschichte gab es immer wieder Phasen, wo man wohl dachte, dass nun das Ende der Entwicklung der mikroskopischen Technik erreicht sein müsse. Und dann haben sich doch mit weiter entwickelten Verfahren ganz andere Dimensionen aufgetan. Und tatsächlich ist in den letzten 40 Jahren die Lichtmikroskopie durch ganz neuartige Methoden völlig umgekrempelt worden. (Sie mögen die vielen Superlative rügen wollen, aber sie sind wirklich angemessen!) Dennoch spielen alte Erfindungen weiterhin eine große Rolle, und gelegentlich ergibt die Synthese aus Aktuellem und Altem etwas gänzlich Neuartiges. Und bei Licht besehen: Alles, was heute erfunden wird, steht natürlich auf dem Fundament des Vorangegangenen.

Die Lichtblatt-Mikroskopie ist nicht ganz jung – ein erstes kommerzielles Gerät gab es schon vor 100 Jahren. Es wurde für die Kolloidchemie entwickelt. Nach längerer Ruhe trat es seine erfolgreiche Phase in der Biologie vor etwa 25 Jahren an. Hier wird jetzt meist eine Voraussage erwartet, wie es weiter geht. Diese Erwartung bleibt unerfüllt. Die Geschichte ist zu unstetig, um ernstliche

Vorhersagen zu machen. Bleiben wir lieber „dran" und lassen wir uns überraschen. So viel kann man voraussagen: Es wird weiterhin Überraschungen geben.

Eschelbach (Deutschland) und　　　　　　　　　　Rolf Theodor Borlinghaus
La Serena (Chile)
im Oktober 2016

Übrigens: Die farbigen Abbildungen sind für die Leserinnen und Leser des s/w-Printwerkes zum Verständnis als Zusatzmaterialien unter www.springer.com auf der Produktseite dieses Buches kostenlos im Download verfügbar.

Inhaltsverzeichnis

Über den Autor

Rolf T Borlinghaus wurde 1988 bei Prof. Dr. Peter Läuger am Institut für Biophysik der Universität Konstanz promoviert und bekleidet heute eine Teilzeit-Position bei Leica Microsystems in Mannheim als Senior Scientist. Daneben betätigt er sich als freier Autor, Feldbotaniker und Lebenskünstler.

Einleitung

Was ist der Unterschied zwischen gewöhnlicher Mikroskopie und der Lichtblattmikroskopie?

Davor steht die Frage: Was ist überhaupt ein gewöhnliches Mikroskop? Üblicherweise vermutet man dahinter ein Gerät, mit dem sich Objekte vergrößert anschauen lassen. Gewöhnlich wird dabei das Objekt durchstrahlt, die Lichtquelle ist also bezüglich des Beobachters auf der anderen Seite des Präparates. Früher, als es noch keine Elektronischen Rechner, Spielkonsolen oder Mobiltelefone gab, wurde jungen Menschen zu Weihnachten gelegentlich ein Mikroskop geschenkt. Es war eine schwarze Röhre, die mittels eines Fußes standfest gemacht wurde. Unter der Röhre befand sich ein bewegliches Spiegelchen, mit dem sich Sonnenlicht in die Röhre fädeln ließ. Zwischen Röhre und Spiegel konnte man ein Objekt einfügen. Am oberen Ende der Röhre guckte man hinein. So schaut ein Mikroskop aus. Natürlich hatte ich auch so ein Gerät. Allerdings war die Qualität meines Exemplars so schlecht, dass es nicht zur Zündung einer Begeisterung für Mikroskopie ausreichte. Wenn Sie also Ihren Kindern etwas Gutes tun wollen, schenken Sie ihnen ein gutes Mikroskop und verzichten Sie dabei auf elektronischen Schnickschnack. Ein halbes Monatsgehalt wird Ihnen Ihr Nachwuchs doch wert sein?

1.1 Gewöhnliche Mikroskope

Die berühmten Mikroskope von Antoni van Leeuwenhoek um 1700 sahen ganz anders aus und formal waren es stark vergrößernde Lupen. Um mit einer Lupe sehr stark zu vergrößern, muss das Objekt (und auch der Betrachter) recht nahe an die Linse herangeführt werden. Schon deshalb ist es auch hier einfacher, das Präparat im Durchlicht zu betrachten. Dennoch ist die Auflichtmikroskopie, bei der das Licht auf die Probe

© Springer Fachmedien Wiesbaden GmbH 2017
R.T. Borlinghaus, *Die Lichtblattmikroskopie*, essentials,
DOI 10.1007/978-3-658-16810-0_1

fällt, keine moderne Erfindung: Bereits Robert Hooke hat in seinem berühmten Buch „Micrographia" aus dem Jahre 1665 eine ausgeklügelte Einrichtung zur Auflichtbeleuchtung ausführlich beschrieben ([1]: Scheme 1, Fig. 5). Ein Lichtblatt-Mikroskop ist jedenfalls kein Durchlicht-Mikroskop und deshalb im Vergleich zum oben beschriebenen Junior-Mikroskop ungewöhnlich. Die weitere Entwicklung der Mikroskopie hat zunächst sehr stark das Durchlichtverfahren befördert. Kleine Objekte sind ja in der Regel auch dünn und deshalb eher durchsichtig. Und wenn sie zu dick sind, dann schneidet man sie in dünne Scheiben. Das führte zur Entwicklung der Mikrotome.

Zwischen 1900 und 1980 war die Mikroskopie ein recht stabiles Thema und es gab nur hie und da meist graduelle Verbesserungen. Einzig die Fluoreszenzmikroskopie hat starken Aufschwung genommen, nachdem es gelungen war, durch Koppelung von Fluoreszenzmolekülen mit Antikörpern die passenden Antigene in Gewebe sichtbar zu machen [2]. Dieses Verfahren wurde später dann auf DNA-Stücke übertragen und ermöglichte, damit die zunächst mit radioaktiven Substanzen entwickelte „in situ Hybridisierung"[3] mit Fluoreszenz durchzuführen (FISH-Technik). Diese beiden Methoden haben die Biologie wirklich auf den Kopf gestellt.

Seit etwa 1980 wurden nun auch neue Mikroskopieverfahren entwickelt, die insbesondere darauf abzielten, die Sichtbarkeit kleiner Details zu verbessern. Das gelang auf zwei Wegen: Einerseits die Auflösung selbst zu erhöhen, was mittlerweile theoretisch bis zu beliebiger Genauigkeit möglich ist (Übersicht in [4]), andererseits die unscharfen Anteile möglichst zu unterdrücken, was die konfokale Mikroskopie leistet (Übersicht in [5]).

Die Lichtblattmikroskopie ist selbst zunächst keine Methode zur Verbesserung der optischen Auflösung. Sie gehört ebenso wie die konfokale Mikroskopie zu den Verfahren, in denen optisch Schnitte erzeugt werden, die dann wieder zu einem zusammenhängenden Bild rekonstruiert werden können. Man kann die Beobachtung auch auf nur eine Ebene beschränken, dies aber ohne störende Unschärfe aus anderen Ebenen. Oft werden auch Bilder aus der gleichen Ebene als Zeitserie aufgenommen – so erhält man einen Film, in dem man strukturelle Veränderungen beobachten kann, wie etwa bei der Entwicklung von Embryonen. Auch räumlich-zeitliche Veränderungen der Konzentration von Metaboliten oder Ionen können so betrachtet werden.

1.2   Laminae lucis

Was hat es nun mit diesen ominösen Lichtblättern auf sich? Wenn Sie zur etwas älteren Generation gehören, dann erinnern Sie sich vielleicht an romantische Momente, wo Sie in einer Scheune sitzen, deren Bretterfassade nicht vollständig dicht ist, sondern hie und da ein schmaler Spalt dem Sonnenlicht Durchlass gewährt. Früher waren die Erbauer solcher Scheunen nämlich vorzügliche Pragmatiker und nicht so sehr freiheitsscheue Perfektionisten. Üblicherweise war es in solchen Scheunen sehr staubig, und das einfallende Sonnenlicht verwandelte die sonst eher düstere Szenerie in ein märchenhaftes Gebäude mit vielgestaltigen und überraschenden Lichteffekten. Das Sonnenlicht wurde an den vielen Millionen Staubpartikeln gestreut und das Volumen, das von der Strahlung durchdrungen wurde, erschien als helle, leuchtende Struktur (Abb. 1.1). Solche Eindrücke sind in unserer modernen staubfreien und sterilen langweiligen Welt selten geworden. Wenn Sie das Glück haben und in einer Gegend wohnen, die nicht durch Flurbereinigungen verwüstet wurde, können Sie ähnliche Effekte auch bei Nebel in freier Natur beobachten.

Um dieses Phänomen sehen zu können, muss sich der Beobachter außerhalb des Lichtstrahles befinden, also in der Dunkelheit. Die betrachtete Region selbst ist ebenso dunkel, nur die streuenden Partikel heben sich gegen den dunklen Untergrund ab. In der Mikroskopie bezeichnet man solche Verfahren deshalb als „Dunkelfeld-Mikroskopie" (die mit der Rebsorte „Dunkelfelder" nichts zu tun hat).

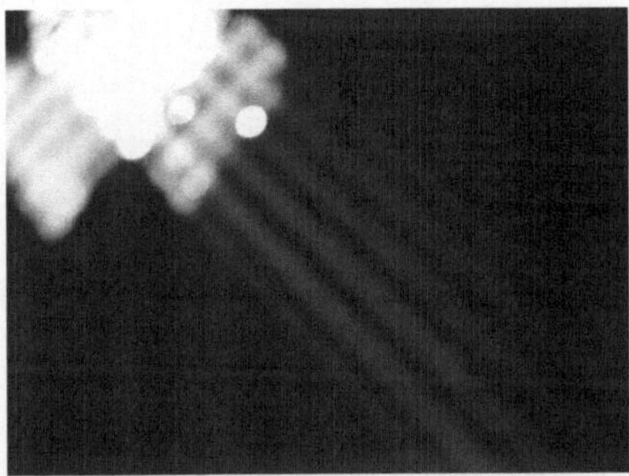

Abb. 1.1 Sonnenlicht fällt durch ein metallenes Gitter in eine staubige Scheune. Die Staubpartikel streuen das Licht in alle Richtungen und können deshalb von außerhalb des Strahlverlaufes wahrgenommen werden (Dunkelfeld). Abgesehen von der Geometrie ist dies bereits „Lichtblattphotographie"

Wiewohl die Lichtblatt-Mikroskopie ein sehr aktuelles Thema ist – sie wurde 2014 zum „Verfahren des Jahres" gewählt [9] – und obwohl mancher das Verfahren als „modern" bezeichnen möchte, ist die Idee doch schon vergleichsweise alt: über 100 Jahre. Wie schon vermerkt, gehört das Verfahren nicht zu jenen, mit denen die optische Auflösung über die beugungsbegrenzte Schranke hinweg verbessert werden kann. Dennoch wurde sie erfunden, um Unsichtbares sichtbar zu machen. Ein Widerspruch?

2.1   Die Alchemisten und das rote Glas

Die Fragestellung begann um das Jahr 1680. In Berlin hatte ein umtriebiger Glas-Alchemist eine spannende Erfindung gemacht. Johann Kunkel war es gelungen, rotes Glas herzustellen [6]. Das war ein Ergebnis alchimistischer Forschung, und es wurde dabei – wie in der Alchemie üblich – jede Menge Gold verbraucht. Typisch Mensch gab es auch hier Streit um Prioritäten – und damit um Geld, Einfluss und Macht. Vor Kunkel hat JC Orschall [7] schon Rezepte beschrieben, wie man rotes Glas herstellt. Die Alchimisten jener Zeit hatten ja im Sinn, Gold aus anderen Substanzen herzustellen. Es war eine gängige Hypothese, dass man durch „Impfung" mit einem geeigneten Mittel (dem Stein der Weisen) beliebiges Material zymologisch in Gold umsetzen könne. Als plausibilisierendes Beispiel diente etwa ein Teig, der durch Zusatz einer geringen Menge Sauerteiges in Gänze selbst in Sauerteig verwandelt würde. Da man über Bakterien und Hefen und deren Wirken noch keinerlei Vorstellung hatte, war dies eine durchaus vernünftige, logische und wissenschaftlich einwandfreie These. Erst jüngere Scharlatane haben dann die Alchemie als Trittbrett benutzt, um mit vielerlei suspekten Zeichen und geheimnisvoll klingenden Namen anderen unerwachsenen

© Springer Fachmedien Wiesbaden GmbH 2017
R.T. Borlinghaus, *Die Lichtblattmikroskopie*, essentials,
DOI 10.1007/978-3-658-16810-0_2

Menschen das Geld aus der Tasche zu ziehen. Die vielerlei obskuren Heilmittel, die sie für teures Geld im Internet kaufen können, sind die heutigen Erben dieser Strategie. Die Wissenschaft selbst hat sich weiter entwickelt und heute ist die Umwandlung von anderen Elementen in Gold ein Thema der Kernphysik und der Aufwand ist um viele Größenordnungen höher als der Ertrag – es lohnt sich nicht.

Dieses oben erwähnte rote Glas, üblicherweise als „Goldrubinglas" bezeichnet, ist eine Suspension sehr kleiner Goldkörnchen in einer festen Glas-Matrix, ein Kolloid. Wenn die Größe dieser Teilchen die beugungsbegrenzte Abbesche Auflösung [8] unterschreitet, die in der Praxis bei etwa 200 nm liegt, dann kann man die Teilchen auch im gewöhnlichen Mikroskop nicht mehr erkennen, insbesondere kann man nicht ihre Größe messen.

Auch, wenn ein Teilchen nicht mehr aufgelöst werden kann, verursacht es dennoch eine Störung, da die Lichtwellen auch an sehr kleinen Teilchen etwas „verbogen" werden. So wird Sonnenlicht an Sauerstoffmolekülen gestreut, deshalb sehen wir den Himmel in Blau, jedenfalls tagsüber und bei klarem Wetter. Die Farbe rührt daher, dass diese Form der Streuung für blaues Licht sehr viel effektiver ist, als für größere Wellenlängen. Die kleinen Partikel aus metallischem Gold sind nicht nur gute Streu-Objekte, sondern sie absorbieren auch elektromagnetische Energie. Die äußeren Elektronen in einem Metall sind ja nicht fest an ein Atom gebunden, sondern als „Elektronenwolke" relativ frei beweglich – das macht das Metall aus. In den kleinen Goldkörnchen kann man nun diese Elektronenwölkchen

Abb. 2.1 Goldrubinglas mit der typischen roten Färbung im Durchlicht einer Schreibtischlampe. Die rote Färbung kommt durch die Absorption kurzer Wellenlängen. Rotes Licht wird nicht absorbiert, daher sieht man im Durchlicht nur noch den roten Anteil des weißen Lichtes. Herkunft des Glases: Farbglashütte Reichenbach GmbH; Reichenbach/OL. Mechanische Bearbeitung: Optische Lehrwerkstätten, Leica in Wetzlar

gegen die Atomrümpfe in Schwingungen versetzen, etwa so, wie Suppe in einem Teller hin und her schwappt, wenn man ihn von der Seite anstößt. Dabei kann die Schwingungsfrequenz nicht beliebig sein, sondern folgt quantenmechanischen Regeln. Das Partikel kann also nur Photonen von bestimmter Energie absorbieren. Durch die Absorption erhält das Elektronengas ein Energiequantum, das als Plasmon bezeichnet wird. Da die Energie der Quanten die Farbe des Lichtes bestimmt, erscheint eine Suspension sehr kleiner Goldpartikel farbig. Verwendet man Partikel von etwa 30 nm, wird Licht im blaugrünen Bereich des Spektrums absorbiert und anschließend in alle Raumrichtungen gestreut. Daher erscheint die Suspension – hier das Goldrubinglas – im Durchlicht tief rot (Abb. 2.1).

2.2 Ultramikroskopische Teilchen

Der Wunsch war nun, die Größe dieser Teilchen abzuschätzen. Da sie unter der Auflösungsgrenze liegt, sind sie in einem gewöhnlichen Mikroskop ja nicht zu erkennen.

Heute wäre es vielleicht möglich, durch Kontrast verstärkende Methoden mit Kameras auch noch in einem Durchlichtbild die Störungen sichtbar zu machen. Das Durchlichtbild zeigt nur eine ganz schwache – mit dem Auge nicht erkennbare – Modulation, fast der gesamte Bereich der Helligkeitswerte bleibt leer. Bei der Kontrastverstärkung wird dieser leere Teil des Graubereiches abgeschnitten, das geschieht im einfachsten Fall durch elektronische Verschiebung der Nulllinie. Die verbleibende geringe Modulation der Helligkeit wird dann so extrem verstärkt, dass die von den Partikeln erzeugten Beugungsfiguren sichtbar werden. Freilich ist der Hintergrund sehr stark durch unscharfe Bildanteile anderer Ebenen gestört, sodass sich kaum verwendbare Bilder erzeugen lassen. Das analoge Kontrastverfahren, die „Videomikroskopie" [10] führte in den 50er Jahren des letzten Jahrhunderts zum Nachweis des Spindelapparates bei der Zellteilung und war für ein paar Jahre der „Renner" in der biologischen Mikroskopie.

Die Antwort auf die Frage, wie groß die Teilchen im Goldrubinglas wohl sein mögen, kam aber schon im Jahr 1903 [11]. Der Kolloidforscher Richard Zsigmondy und der Physiker Henry Siedentopf entwickelten bei Carl Zeiss in Jena eine Vorrichtung, die diese Goldteilchen sichtbar machen sollte. Da im Durchlicht der Kontrast zu klein ist, im Auflicht zu viel unscharfe Information die Identifikation der Teilchen vereitelt, verwendeten sie ein Dunkelfeldverfahren. Im Dunkelfeld wird das Präparat in einem Winkel beleuchtet, der außerhalb des Kegels für die Beobachtung liegt. Abb. 2.2 links. Der extreme Fall einer solchen Dunkelfeldbeleuchtung ist ein rechter Winkel zur optischen Achse des Mikroskopes Abb. 2.2 rechts. Damit ist das Prinzip der Lichtblatt-Mikroskopie eigentlich schon fertig beschrieben.

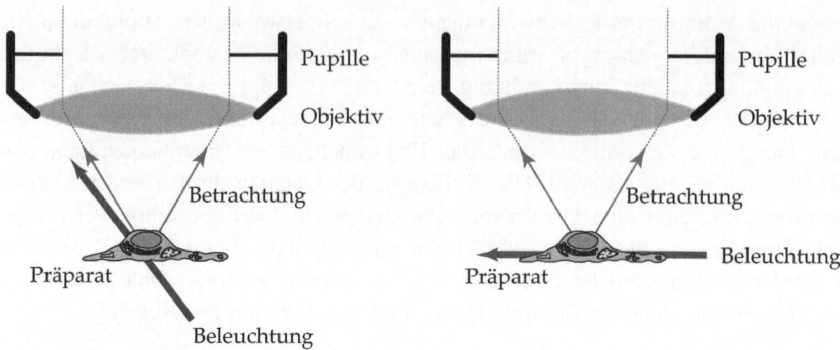

Abb. 2.2 Links: Dunkelfeld. Wird in einem Winkel beleuchtet (dicker, blauer Pfeil), der nicht in den Öffnungswinkel des Objektives fällt (aufgespannt durch die beiden feineren, roten Pfeile), dann bleibt für den Beobachter der Hintergrund (das Feld) dunkel. Rechts: der extreme Fall ist eine Beleuchtung senkrecht zur optischen Achse des Mikroskopes. Das ist bei der Lichtblatt-Mikroskopie der Fall

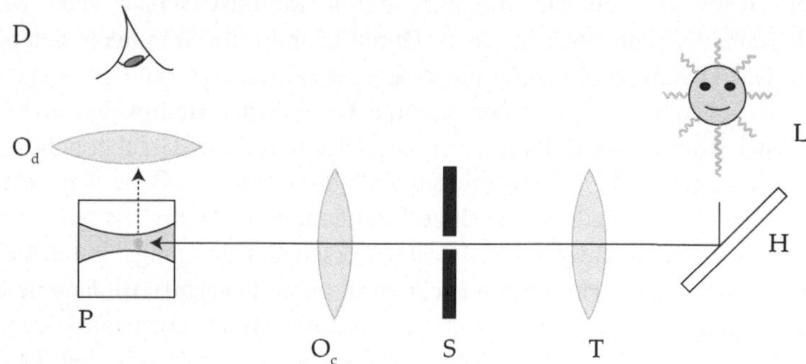

Abb. 2.3 Spalt-Ultramikroskop von Henry Siedentopf (schematisch). Die Lichtquelle L, hier die Sonne, wird über einen Heliostaten H mittels eines Teleskopes T auf einen einstellbaren Spalt S abgebildet. Dieser Spalt wird anschließend mittels eines Objektivs O_C in das Präparat P übertragen. Dort wird eine in Höhe und Breite einstellbare dünne Schicht stark beleuchtet. Kleine Partikel (hier: kleine graue Kreisfläche) streuen das Licht auch senkrecht zur Beleuchtungsachse und können mit einem weiteren Objektiv O_D dem Detektor D zugeführt werden

Um solch einen Effekt im Goldrubinglas zu erzeugen, verwendeten Siedentopf und Zsigmondy eine Lichtquelle, deren Strahlung durch einen Spalt in Höhe und Breite begrenzbar war; die Größe konnte mit Mikrometerschrauben eingestellt werden. Dieser Spalt wurde dann in das zu untersuchende Glas abgebildet. Im Ergebnis wird dadurch eine dünne Schicht innerhalb des Glases im Winkel von 90 Grad zur optischen Achse beleuchtet (Abb. 2.3). Die Streuung an den

Goldpartikeln führt dann im beobachtenden Teil des Mikroskops zu hellen Punkten vor einem schwarzen Hintergrund – wenn alles sorgfältig justiert und die Dichte der Partikel nicht zu hoch ist (Abb. 2.4 links).

Die Autoren nannten die Partikel, die in einem gewöhnlichen Mikroskop nicht sichtbar sind „Ultramikronen", von lat. „ultra" zu Deutsch „jenseits", also jenseits der lichtmikroskopischen Auflösungsgrenze. „Mikronen" wären dann Teilchen, die man im Mikroskop sehen und vermessen kann. Heute wird für die Ultramikronen die keineswegs hilfreichere Bezeichnung „Nanopartikel" verwendet, von lat. „nanus" der „Zwerg" und lat. „particula", zu Deutsch „Teilchen". Das Mikroskop erhielt den schwungvollen Namen „Spalt-Ultramikroskop".

Die unscharfen Anteile kann man auch in einem konfokalen Mikroskop eliminieren. Das Ergebnis ist in Abb. 2.4 rechts zu sehen. Beide Verfahren erzeugen optische Schnitte und liefern sehr ähnliche Bilder.

Fassen wir zusammen: Das Spalt-Ultramikroskop hatte folgende Eigenschaften:

1. Die Beleuchtung geschieht senkrecht zur optischen Achse des Mikroskops (maximales Dunkelfeld)
2. Die Geometrie der Beleuchtung wird durch eine Spaltblende so gewählt, dass nur eine möglichst dünne Schicht im Präparat beleuchtet wird (Lichtblatt).
3. Durch Verstellung der Position des Präparates in der z-Achse („Fokussieren") lassen sich verschiedene Ebenen im Substrat untersuchen.

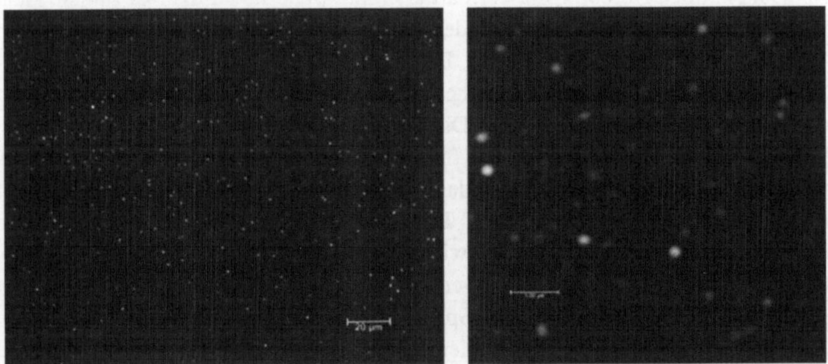

Abb. 2.4 Sterne im Glas. Das Stückchen Goldrubinglas aus Abb. 2.1 im Lichtblatt-Mikroskop (links) und im konfokalen Mikroskop (rechts). Der Unterschied ist ausschließlich im Abbildungsmaßstab und in der Größe der Beugungsscheibchen zu finden, beides wird durch die verwendete Optik bestimmt. Ein Ausschnitt aus dem Sternenhimmel bietet genau den gleichen Eindruck, da auch hier nur die Beugungsmuster weit entfernter Objekte zu sehen sind, die für uns hier nicht aufgelöst werden können, die Quellen also quasi punktförmig sind

Der Erfolg dieser Vorrichtung bestand darin, dass der Kontrast um mehrere Größenordnungen erhöht werden konnte. Kontrast ist das Verhältnis von Signal (das, was ich sehen möchte) zu Hintergrund (das, was mich nicht interessiert). Der Hintergrund im Dunkelfeldmikroskop ist schwarz. Und die Lichtblatt-Konstruktion sorgt dafür, dass auch unscharfe Hintergrundinformation aus anderen Schichten verschwindet.

Um auch flüssige Suspensionen von kolloidalem Gold untersuchen zu können, wurde später noch eine Vorrichtung entwickelt, mit der es möglich war, unterschiedliche Lösungen hintereinander ohne großen Präparationsaufwand direkt unter das Objektiv zu bringen. Das wurde durch eine Kammer erreicht, deren Zuleitung mit den verschiedenen Lösungen beschickt werden konnte. Eine frühe Perfusionseinrichtung, wie sie heute aus der Mikroskopie lebender Zellen oder Gewebe nicht mehr wegzudenken ist.

Und wie kann man nun die Größe der Partikel bestimmen, wenn man sie zwar erkennen, aber nicht ausmessen kann? Dazu haben sich die Autoren der zwei nächstliegenden Methoden bedient. Einmal konnte man ja das Volumen berechnen, in dem die Partikel sichtbar werden, das ist die Dicke des Lichtblattes multipliziert mit der Fläche des beleuchteten Sehfeldes. Wie viel Gold in den Gläsern bzw. Suspensionen vorhanden war, wurde bei der Herstellung genau vorgegeben und war darum bekannt. Damit kann man auch berechnen, welche Masse an Gold im beleuchteten Volumen vorhanden sein muss. Nun braucht man nur noch diese Masse durch die gezählte Menge der Partikel zu teilen, e voilà – man hat die mittlere Masse der Partikel, die unter Verwendung des spezifischen Gewichtes von Gold auf den Durchmesser der Partikel führt. Statt die Partikel zu zählen, kann man auch deren Abstände zueinander messen, woraus die Anzahl im Volumen dann auch abgeschätzt werden kann. Beide Methoden führten zu ähnlichen Ergebnissen. Dabei muss man aber stets bedenken, dass die Größe solcher Partikel um einen Mittelwert herum verteilt ist. Die Form der Verteilung lässt sich aus solchen Messungen zunächst nicht ablesen. Immerhin konnten damals Partikelgrößen bis hinunter zu 6 nm nachgewiesen werden – kleiner als 1/30 der optischen Auflösung!

An dieser Stelle soll ein weiteres Instrument erwähnt werden, das ebenfalls in Zusammenarbeit mit Carl Zeiss entwickelt wurde und dem Ultra-Spaltmikroskop sehr ähnlich ist. Das Lichtschnittverfahren von Gustav Schmaltz [18] erzeugt ebenso ein Lichtblatt mittels eines Spaltes. Beleuchtet wurden damit Oberflächen von Werkstücken aus Metall oder Keramik. Das reflektierte Licht hat die Gestalt des Profils der Oberfläche und konnte mit einer Kamera aufgezeichnet werden. So lassen sich Geometrien vermessen und Fehler an solchen Objekten nachweisen. Der Begriff „Lichtschnitt" ist in technischen Anwendungen durchaus auch heute noch gebräuchlich, in der biologischen Mikroskopie aber nicht eingeführt worden.

Biologische Fotografie 3

Aus einer ganz anderen Ecke gab es Mitte des letzten Jahrhunderts Entwicklungen, die prinzipiell in dieselbe Richtung führten. Sicher haben Sie schon oft bedauert, dass auf Fotografien stets ein Teil des Bildes unscharf ist. Das macht sich insbesondere bei Nahaufnahmen bemerkbar und wenn man wegen der Lichtverhältnisse mit kleiner Blendenzahl arbeiten muss. Ursache ist die begrenzte Schärfentiefe: Wirklich scharf abgebildet wird eigentlich nur in einer Ebene. Davor und dahinter lassen wir etwas als „scharf" noch durchgehen, wenn wir die Unschärfe durch unser begrenztes Sehvermögen nicht auflösen können. Im täglichen Leben blendet unser smartes Gehirn alles aus, was nicht scharf auf der Netzhaut abgebildet ist – Sehen ist demnach ein ausgesprochen subjektiver Vorgang. Erst auf einer fotografischen Aufnahme fällt uns dann die enttäuschende Qualität des Bildes auf – die Optik lässt sich eben nicht beschummeln. Wiewohl Kameras für anspruchslosen Gebrauch, etwa Mobiltelefone, schon beginnen, die Schummelei in Form von obligaten Bildverarbeitungsprozessen einzubauen. So ein Gerät – genauer: der Hersteller – entzieht Ihnen die Souveränität über die Interpretation dessen, was Sie sehen und fremdbestimmt Ihre Wahrnehmung. Seien Sie aufmerksam!

© Springer Fachmedien Wiesbaden GmbH 2017
R.T. Borlinghaus, *Die Lichtblattmikroskopie,* essentials,
DOI 10.1007/978-3-658-16810-0_3

3.1 In der Beschränkung zeigt sich erst der Meister[1]

Die verwaschenen Kamerabilder entstehen also dadurch, dass Information nicht nur aus der Fokusebene auf den Film (oder Chip) fällt, sondern auch Bildanteile aus den unscharfen Ebenen davor und dahinter. Ein konfokales Mikroskop schneidet diese Anteile ab und liefert so optische Schnitte [5]. Allerdings auf Kosten der Zeit: Das Bild muss Punkt für Punkt sequenziell aufgebaut werden. Dabei wird stets nur ein einzelner Punkt beleuchtet. Mehr einschränken kann man den Bildentstehungsvorgang nicht.

In der klassischen Mikroskopie versucht man das Problem durch pfiffige Einschränkung des Objektes zu überlisten: Ein dünner Schnitt, wie man ihn etwa mit einem Mikrotom herstellen kann, wird nur Information aus diesem dünnen Häutchen von Präparat liefern. Und wenn der Schnitt dünner ist, als die Tiefenschärfe im Mikroskop mit der gerade verwendeten Optik, dann gibt es auch im Bild keine unscharfen Anteile. Das ist der Grund, warum man so viel Aufwand mit Schneidetechniken und Einbettung zwischen zwei planen Glasflächen betreibt. In der Auflicht-Mikroskopie erhält man ähnliche Ergebnisse durch aufwendige Politur der Oberflächen von undurchsichtigen Objekten wie Mineralien oder Metallen.

Einen Schritt weiter ist die wissenschaftliche Fotografie gegangen, um „Extreme Tiefenschärfe in der Mikroskopie" [12] zu erreichen. Der Grundgedanke dabei war: Statt das Präparat umständlich zu bearbeiten, kann man doch auch einfach nur einen kleinen Teil des Präparates beleuchten. Und wenn man es geschickt anstellt, nur einen solchen Bereich, der von der Kamera auch scharf abgebildet wird. Wie lässt sich das bewerkstelligen?

Im Prinzip wurde die Antwort bereits von Siedentopf und Zsigmondy gegeben. Ob bei der Entwicklung des „Extreme Focal Depth"-Mikroskops die Arbeiten von 1903 auf dem Tisch lagen, lässt sich wohl nicht mehr rekonstruieren. Die beiden Verfahren sehen sich dennoch sehr ähnlich.

Ausgangspunkt für das Mikroskop mit extremer Tiefenschärfe ist ebenfalls eine Beleuchtung durch einen möglichst schmalen Spalt (Abb. 3.1). Ein solcher Beleuchtungsspalt wurde hier erzeugt, indem ein dünner Film schwarzer Farbe auf ein Glas aufgesprüht und anschließend in diesen Film mit einer Rasierklinge eine sehr dünne Linie gezogen wurde. Über geeignete Optik lässt sich dieser Spalt wieder in das Präparat abbilden. Die photographische Aufnahme erfolgt wie beim Spalt-Ultramikroskop im rechten Winkel zur Beleuchtung. Die beleuchtete Schicht muss dünner sein als die Tiefenschärfe der Beobachtungsoptik, hier des

---

[1]Goethe, JW von 1815: Das Sonett.

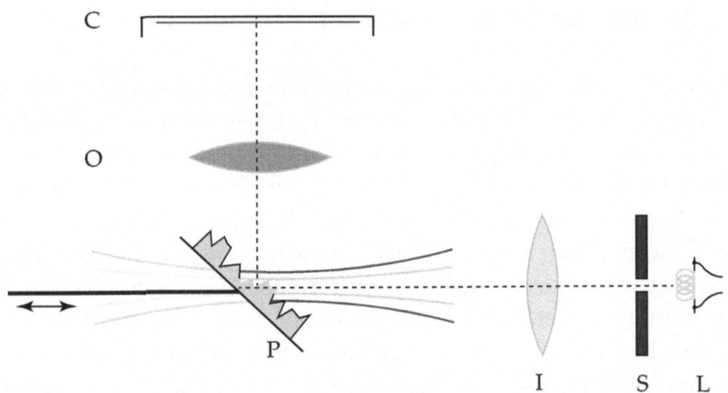

Abb. 3.1 Aufbau des Mikroskopes mit extremer Tiefenschärfe (nach [12]). Eine Lichtquelle L beleuchtet einen dünnen Spalt S. Dieser Spalt wird mit einer Beleuchtungsoptik I in das Präparat P abgebildet und erzeugt dort entlang der Beleuchtungsachse ein Lichtblatt. (Die Beleuchtung ist in gelber Farbe gehalten.) Zur Beobachtung dient eine Kamera C, deren Objektiv O einen Bereich des Präparates scharf abbildet. Dieser Bereich ist die Tiefenschärfe, angedeutet durch die äußeren, roten gekrümmten Linien und steht senkrecht zur Beobachtungsachse. Das Lichtblatt liegt damit eingebettet in den Tiefenschärfebereich der Kamera. Folglich werden nur scharfe Bildanteile aufgezeichnet (gelber, dickerer Linienabschnitt auf der Präparateoberfläche). Um das ganze Objekt abzubilden, kann das Präparat entlang der Beobachtungsachse kontinuierlich verschoben werden (Doppelpfeil). Es entsteht ein Bild, dessen Tiefenschärfe durch den Verfahrbereich definiert wird, der theoretisch beliebig groß sein kann

Mikroskop-Objektives. Die Begriffe Tiefenschärfe und Schärfentiefe sind in der deutschen Sprache synonym. Im Englischen wird zwischen „Depth of Field" und „Depth of Focus" unterschieden[13]. Dabei meint Depth of Field die Tiefenschärfe im Objektraum, also den Bereich aus dem Präparat, den wir als scharf wahrnehmen. Auf der Bildseite des Kameraobjektives liegt ja der Sensor, heute ein Halbleiterelement, noch vor wenigen Jahren eine Filmemulsion. Dieser Sensor muss nun auch innerhalb des Schärfebereiches des durch die Optik erzeugten Bildes liegen, eben innerhalb des Depth of Focus. Diese Frage war damals noch wichtiger als heute, als noch Filme benutzt wurden, die ja stets gewisse Unebenheiten aufweisen, die dann kleiner sein mussten als dieser bildseitige Tiefenschärfebereich.

Bei einer Beleuchtung, die nur innerhalb der Tiefenschärfe begrenzt ist, enthält das Bild dann konsequenterweise keinerlei unscharfe Anteile, da alles unscharf Abgebildete in der Dunkelheit verbleibt. Das Ergebnis ist ein optischer Schnitt, wobei der Schnitt schon auf der Seite der Beleuchtung erzeugt wird – im Gegensatz zum konfokalen Mikroskop.

3.2 Zurück zur unbeschränkten Freiheit

Dieses Verfahren wurde für zunächst für die Mineralogie entwickelt. Dort möchte man beispielsweise die dreidimensionale Struktur von auf Substraten aufgewachsen Kristallen untersuchen. Da die Kristalle vorwiegend in mehr oder weniger senkrechter Orientierung zum Untergrund zu finden sind, ergibt sich ein Problem beim Nachweis des reflektierten Lichtes. Man kann sich die Kristalle etwa wie die Wolkenkratzer einer Großstadt vorstellen. Die Beleuchtung mag ein Leuchtturm erzeugen, der in einer bestimmten Stockwerkshöhe einen Lichtstrahl im Kreis herum die Gebäude beleuchtet. Zwar ist das nicht für das Stadtgebiet gedacht und die Bewohner würden sich zu recht bei der Hafenverwaltung beklagen, für den Moment lassen wir diesen menschlichen Faktor aber einmal außer Acht. Wenn nun in diesem Beispiel ein Beobachter in einem Hubschrauber über der Stadt auf die Gebäude hinunter schaut, wird er nicht viel sehen: Von dem Licht wird nicht viel senkrecht zur Beleuchtung reflektiert werden. Besser wird seine Situation, wenn er sich über dem Leuchtturm aufhält und die Stadt dann in einem anderen Winkel betrachtet. Nun wird er den Lichtstreifen sehen, der über die Gebäude huscht. Statt diesen Betrachtungswinkel durch Veränderungen im Aufbau des Mikroskops zu erzeugen, haben die Autoren einfach die Stadt um einen Winkel gekippt. Die einfache Lösung war, das Präparat auf einem Träger um 45 Grad gegen die Achse des Mikroskops zu neigen.

Dennoch ist das Ergebnis nicht zufriedenstellend: Man sieht ja nur die Reflexionen aus der Höhe des Leuchtturms. Alles, was darüber oder darunter ist, ist – wie gewünscht – im Dunkeln. Macht man nun mit der Kamera eine Aufnahme, sieht man nur die Strukturen etwa im 7. Stock. Das ist das Prinzip eines optischen Schnittes. Der Wunsch ist natürlich, die Gebäude vom Keller bis zum Dach sehen zu können. Zu diesem Zweck braucht man nun aber nur die z-Position des Mikroskoptisches zu verändern. Dabei bleibt die Position der scharf abgebildeten Schicht im Verhältnis zur beleuchteten Schicht konstant, nur die Strukturauswahl im Präparat verändert sich. Im Originaltext liest sich das so: „The symbolic worm is really the elevating mechanism for the stage of an ancient Ernst (Leitz) Wetzlar microscope No. 274703 …"[2]. Die Verstellung des Präparates wurde also mittels dem in dem „antiken" Leitz Mikroskop vorhandenen z-Trieb bewerkstelligt. Der Antriebsknopf war mit einem Hebelmechanismus verbunden, der wiederum durch einen Motor bewegt werden konnte. Auf diese Weise war es möglich, das gesamte Präparat „in einem Rutsch" durch die Lichtscheibe hindurchzufahren. Wenn während dieser Zeit die Kamera in der „B-Position", also auf Dauerbelichtung einge-

---

[2]Das Mikroskop mit der o. a. Nummer verließ am 8. Februar 1930 das Werk in Wetzlar (Besten Dank an Aarne Liebich, Hessisches Wirtschaftsarchiv in Darmstadt).

stellt war, wurde auf dem Film ein komplettes Bild der Kristallstrukturen aufgenommen. Heutige Geräte zeichnen durchweg zunächst einen Stapel diskreter optischer Schnitte auf, die anschließend wieder zu einem Projektionsbild kombiniert werden. Dabei muss auf hinreichend kleine Abstände zwischen den Bildern geachtet werden, die geringer sind als der Schärfenbereich. So entsteht freilich eine große Menge primärer Bilddaten. Der Vorteil ist, dass sich aus den Urdaten Projektionen in beliebiger Richtung berechnen lassen. Das war zwar mit dem oben beschriebenen Verfahren nicht möglich, dafür war diese Vorrichtung dazu geeignet, ein Bild mit extremer Schärfentiefe direkt und ohne Bildstapel aufzunehmen.

3.3 Vielseitige Beleuchtung

Einen Makel hat das Verfahren dennoch: Die Schatten, die durch die seitliche Beleuchtung geworfen werden, lassen immer noch einiges im Dunkeln. In einer futuristischen Verbrecherjagd mit Leuchtturm und Hubschrauber in der Metropole haben die lichtscheuen Gangster immer noch die Möglichkeit, sich in den dunklen Winkeln zwischen den Häusern zu verstecken. Wie kann dem abgeholfen werden? Offensichtlich muss man die Schatten ausleuchten. Das lässt sich am einfachsten durch weitere Lichtquellen gestalten, die Lichtblätter aus unterschiedlichen Richtungen auf die interessanten Objekte werfen. Das erreicht man dadurch, dass mehrere Lichtquellen mit dem oben beschriebenen dünnen Spalt um das Präparat herum angeordnet werden. Ein solches Gerät wurde zunächst für die Makrofotografie entwickelt [14], weil die räumlichen Verhältnisse dort günstiger sind. Prinzipiell gibt es aber keinen wirklichen Unterschied zwischen „Mikroskopie" und „Makroskopie", die Grenzen sind fließend, die Optik ist auch bezüglich der Beugungsbegrenzung skalierbar und allenfalls werden Mechanik und Optik mit kleiner werdenden Feldern und dünneren Lichtblättern zunehmend aufwendig.

Eine großformatige Lösung war darum der Einsatz von zwei oder drei Diaprojektoren (die älteren Leser werden sich noch an diese Geräte erinnern), die jeweils statt eines Diapositives mit einem optischen Spalt ausgerüstet waren [14]. Offenbar war die Biologie in den 80er Jahren des vergangenen Jahrhunderts noch nicht so gütig mit finanziellen Mitteln gesegnet, sodass auch eine Anleitung für die Herstellung eines solchen Spaltes mitgegeben wurde: Man klebe zwei Rasierklingen in möglichst geringem Abstand so auf ein Glas-Diarähmchen, dass eine Lücke zwischen den Klingen möglichst horizontal mittig auf dem Glas zu liegen kommt … Die handelsüblichen Projektoren wurden dann so um das Objekt herum angeordnet, dass die Lichtblätter sich exakt überdecken. Das ist mit einiger Geduld verknüpft, die man benötigt, um sowohl die exakte z-Position im Schärfentiefebereich der Kamera einzuhalten, als auch die unterschiedlichen

Lichtquellen in genau eine Ebene zu justieren. Die Lichtblätter müssen ja alle ohne Kippfehler zueinander angeordnet sein.

Vom selben Autor stammt eine Version, die weniger aufwendig zu justieren und für die tägliche Praxis sicher besser geeignet war [17]. Das Lichtblatt wird hier erzeugt, indem zwei ebene Platten in sehr geringem Abstand zueinander parallel angeordnet wurden. Der Abstand ging bis hinunter zu 0,3 mm. Das würde einem Mikroskopieverfahren mit numerischer Apertur von 0,04 entsprechen, wie sie typischerweise bei Objektiv-Vergrößerungen um 1 x ···2 x zu finden ist. Beleuchtet wird dann mit Glühfaden-Leuchtkörpern, wobei der Glühfaden parallel zur Lücke der beiden Platten justiert sein muss. In der Mitte der beiden Platten befindet sich eine größere Öffnung, durch die das Präparat während der Belichtung hindurchgeschoben wird. Die Platten wirken dabei als Licht-„Tunnel", was recht effektiven Blenden entspricht und gut kollimiertes Licht erzeugt (sofern der Abstand nicht zu klein wird). Man kann dann um das Objekt herum beliebig viele Lichtquellen in beliebigen Winkeln und sogar in verschiedenen Farben anordnen, ohne größere Mühe bei der Justage. Insbesondere ist diese Anordnung über längere Zeit stabil justiert, beispielsweise bis zum nächsten Morgen nach dem Feierabend (Abb. 3.2).

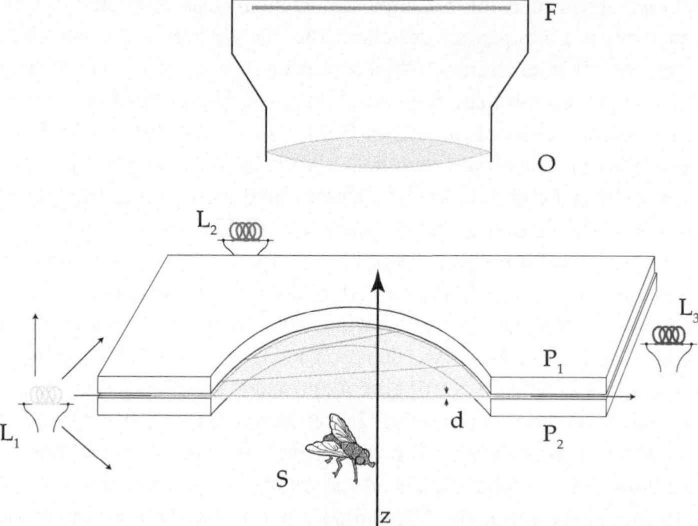

Abb. 3.2 Vereinfachte Vorrichtung, mit der Bilder mit extremer Tiefenschärfe aufgenommen werden können (verändert nach [17]). Zwei planparallele Platten P1 und P2 im Abstand d werden so mit Lichtquellen L1... Ln beleuchtet, dass in der Öffnung der Platten ein Lichtblatt entsteht. Das Subjekt S wird in z-Richtung durch dieses Lichtblatt bewegt und das gestreute, reflektierte oder emittierte Licht durch ein Objektiv O auf den Detektor F abgebildet

Wenn man sich etwas Mühe gibt und ein paar Steuerungseinheiten zur Bewegung der Probe und zur Bildaufnahme implementiert, dann erfüllt diese „simplified unit" bereits mehr als die Anforderungen in Beleuchtung und Datenakquisition für das, was man ein modernes Lichtblattmikroskop nennen würde:

1. Das Lichtblatt ist dünner als die Tiefenschärfe des Objektives.
2. 3-D-Rastermöglichkeit (z-stacking).
3. Instantanes 3-D-Projektionsbild in einer einzigen Aufnahme.
4. Beliebige Anzahl gleichzeitiger Beleuchtungsquellen. Frei einstellbar in Winkeln und Farben.
5. Multiparameter-Aufzeichnungen in vielen Kanälen bei sequenzieller Aufnahme.
6. Präparatebewegung in z und drehbar in beliebigem Winkel.
7. Zeitserienaufnahme von lebenden Objekten oder von in der Zeit veränderlichen Parametern.

Glitzernde Teilchen und bunte Moleküle 4

Nein, hier geht es nicht um die Partikel aus der Teilchenphysik. Die sind für unsere Betrachtungen wirklich zu klein. Vielmehr nutzt man die Streuung an kleinen Objekten, an Bröselchen unterschiedlichster Beschaffenheit, um Strömungsverhältnisse in Flüssigkeiten oder Gasen sichtbar zu machen. In biologischen Anwendungen werden gerne kleine biologische Objekte, etwa Zellen oder Zellkompartimente, mit einem leuchtenden Marker „dekoriert", den man dann ebenfalls für solche Flussmessungen nutzen kann. Bis jetzt haben wir Lichtblätter erzeugt, indem ein auf verschiedene Arten erzeugter Spalt in das zu untersuchende Objekt abgebildet wurde. Aber es gibt noch weitere Möglichkeiten. Und man braucht sich auch nicht auf reflektierende oder streuende Objekte zu beschränken. Vor allem in der Biologie sind andere Kontrastverfahren an der Tagesordnung. Das berühmteste und zurzeit erfolgreichste ist die Fluoreszenz.

4.1 Blitzfalle für Teilchen

Für Strömungsmessungen wurden bereits vor fast 50 Jahren[1] Lichtschnitt-Anordnungen benutzt [16]. Statt eines Spaltes bedient man sich aber einer anderen Lösung. Optische Linsen haben ja die Eigenschaft, Licht in einen sehr kleinen Fleck zu konzentrieren. Wenn die Linse homogen beleuchtet wird, erhält man als Fleck ein Beugungsmuster, das Airy-Muster ([5], Abschn. 1.3.2). Nun kann man auch Linsen fertigen, die nur in einer der beiden Raumrichtungen fokussieren und

---

[1]Tatsächlich wurde bereits vor 80 Jahren ein Lichtschnittverfahren auf der Basis des abgebildeten Spalts zur Strömungsmessung vorgestellt und mit Beispielen belegt ([18] S. 81).

© Springer Fachmedien Wiesbaden GmbH 2017
R.T. Borlinghaus, *Die Lichtblattmikroskopie*, essentials,
DOI 10.1007/978-3-658-16810-0_4

die andere Richtung unbeeinflusst lassen. Eine plan-konvexe „Zylinderlinse" erinnert an eine Bodenschwelle, wie man sie im Straßenverkehr zu erzieherischen Maßnahmen bei Geschwindigkeitsregelungen einsetzt. Die einfachste Form einer Zylinderlinse ist ein Glasstab (Abb. 4.1).

Leuchtet man mit einem dünnen Strahl auf einen Glasstab, etwa mit einem Laser, dann wird das Laserlicht in eine Linie fokussiert, die parallel zur Achse des Glasstabes verläuft. In Richtung der Achse bleibt die Geometrie des Strahles aber erhalten. Hinter dieser Fokuslinie weitet sich das Licht in einer Ebene senkrecht zur Achse des Stabes auf und erzeugt damit ein Lichtblatt, das stets so dick ist wie der Durchmesser des Laserstrahles. In dem so entstandenen Lichtblatt werden in der Suspension befindliche Teilchen das Licht streuen, etwa Staubteilchen in einer Scheune. Eine senkrecht zum Lichtblatt aufgestellte Kamera kann dann zu jeder Zeit die Partikelverteilung aufzeichnen. Wenn man schnell genug hintereinander Bilder aufnimmt, kann man die Trajektorien einzelner Teilchen messen und daraus die Geschwindigkeit der Teilchen an jeder Stelle des Lichtschnittes messen, ohne in den Strömungsvorgang einzugreifen. Prinzipiell leistet so ein

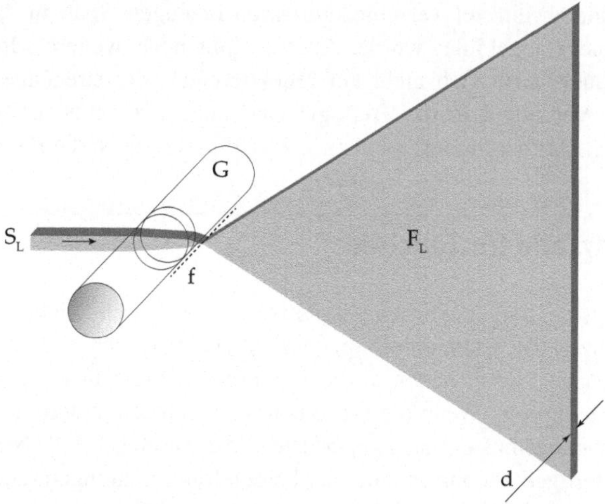

Abb. 4.1 Lichtblatt durch Aufweitung eines Laserstrahles mit einem Glasstab. Ein Lichtstrahl S_L (hier der Einfachheit halber mit quadratischem Profil der Kantenlänge d) wird in einem Glasstab G in einer Fokuslinie f gesammelt. Hinter f weitet sich der Strahl zu einem Lichtblatt F_L der Dicke d auf. Hinter der Fokuslinie nimmt die Intensität des Lichtes linear in der Ausbreitungsrichtung des Lichtes ab

System dasselbe, wie das Ultraspaltmikroskop von 1903, wurde aber für diese dynamischen Messungen entwickelt, wobei die Teilchen deutlich größer sind, und deshalb der optische Aufwand recht gering ist. Moderne Messmethoden nutzen auch schnell hintereinander ausgesandte Laserpulse, sodass auf einer Aufnahme dasselbe Partikel zweifach oder mehrfach abgebildet ist. Aus dem Abstand dieser Partikelbilder lässt sich dann bequem die Geschwindigkeit berechnen und daraus die Strömungsgeschwindigkeit und -richtung des zu untersuchenden Gases oder einer Flüssigkeit. Dieses Verfahren (Particle Image Velocimentry, PIV) wird heute routinemäßig in der Strömungstechnik eingesetzt.

4.2 Mikroskopische Glühwürmchen

Die Lichtblätter, die hier erzeugt werden, machen Teilchen sichtbar, die sich innerhalb des dünnen Scheibchens befinden. Das können Goldpartikel in Glas oder Kunststoffkügelchen in Wasser, Dampftröpfchen oder Rauchpartikel in der Luft sein. Alle diese Partikel sind zunächst streuende Objekte, das heißt, das Licht wird in derselben Farbe einfach nur in andere Richtungen gelenkt. Ganz entfernt kann man das mit einer reflektierenden Oberfläche vergleichen. Das wesentliche Prinzip ist dabei das Dunkelfeldverfahren: der Beleuchtungsstrahl und der Beobachtungskegel sind nicht koaxial, sondern schneiden sich, üblicherweise in einem Winkel von 90 Grad.

Ein modernes Kontrastverfahren, das ebenfalls für Dunkelfeldanwendungen sehr gut geeignet ist, ist die Fluoreszenz. Licht als elektromagnetische Welle kann mit Materie wechselwirken, indem das schwingende elektrische Feld mit den positiven und negativen Ladungen der Atome und Moleküle interagiert. Die Energieschemata für Streuung und Fluoreszenz sind in Abb. 4.2 aufgezeigt, wobei die Länge der Pfeile mit der Energie korreliert. Ohne eingestrahlte Energie befindet sich das Molekül im Grundzustand G, der noch verschiedene (thermische) Unterzustände aufweist. Im Falle der Fluoreszenz (rechts im Bild) wird ein Photon zunächst absorbiert, das heißt, die Energie des Photons wird vom elektronischen System des Moleküls aufgenommen. Das Molekül geht dabei in einen höheren, angeregten Zustand A über, der auch in unterschiedliche thermische Unterzustände aufgespalten ist. Sehr schnell nach der Absorption gibt das Molekül dann einen kleinen Teil der Energie als Wärme an die Umgebung ab. Es verbleibt eine vergleichsweise lange Zeit noch im angeregten Zustand und wird dann die verbliebene (kleinere) Energie wieder als Lichtteilchen emittieren. Das ausgesandte Photon mit der geringeren Energie hat daher eine größere Wellenlänge als das eingestrahlte. Es ist „röter" als das anregende Photon. Diesen Umstand macht

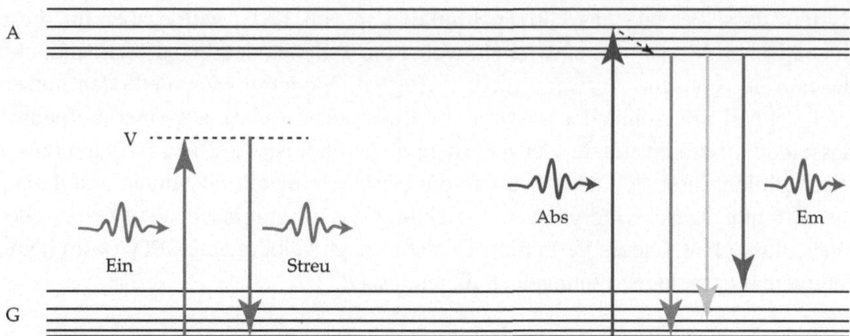

Abb. 4.2 Streuung und Fluoreszenz im Termschema. Streuung (links): ein angestrahltes Objekt befindet sich zunächst im Grundzustand G. Passt die Energie der eintreffenden Photonen (Ein) nicht zu einem höheren Energiezustand, dann nimmt das System einen virtuellen Zustand V ein, aus dem das Photon sofort wieder freigesetzt wird (Streu). Die Energie ist unverändert (und damit auch die Farbe des gestreuten Lichtes), aber die Richtung kann sich geändert haben. Fluoreszenz (rechts): Kann das eingestrahlte Photon das elektronische System des Objektes in einen angeregten Zustand A versetzen, dann wird das Photon absorbiert (Abs). Es fällt sehr schnell in den unteren Schwingungszustand (gestrichelter Pfeil). Nach einer charakteristischen Zeit wird die Energie wieder als Licht abgegeben (Em), wobei das System wieder in einen der Schwingungszustände des Grundzustandes zurückkehrt. Hier ist die Energie des emittierten Photons geringer, die Wellenlänge also größer, die Farbe „röter"

man sich in der Fluoreszenzmikroskopie zu Nutze, indem man das anregende und emittierte Licht nach seinen Farben getrennt im Strahlengang führen kann. Die vergleichsweise lange Zeit beträgt üblicherweise ein paar Nanosekunden und wird durch die „Fluoreszenz-Lebensdauer" beschrieben.

Im Falle der Streuung (links im Bild) passt die Energie der eingestrahlten Photonen nicht zu einem Abstand der verfügbaren Zustände. Im Beispiel ist die Energie zu gering, die Wellenlänge demnach zu lange. Bei einer Wechselwirkung nimmt nun das System einen sogenannten „virtuellen Zustand" ein, die Energie kann aber nicht absorbiert werden, das verbieten die quantenmechanischen Auswahlregeln. Das Photon wird folglich auch bei seiner weiteren Reise dieselbe Energie haben wie zu Beginn. Allerdings kann die Richtung verschieden sein, weshalb gestreutes Licht auch außerhalb der Strahlrichtung aufgezeichnet werden kann.

Biologische Präparate lassen sich nun in der unterschiedlichsten Weise mit fluoreszierenden Molekülen anfärben, die gezielt gewünschte Strukturen markieren. Das begann mit zufälligen Entdeckungen bei histologischen Einfärbungen, fand deutlichen Aufwind durch spezifische Markierungen mittels Antikörper oder DNA-Stückchen und kulminiert aktuell mit dem Einsatz fluoreszierender Proteine, die durch Genmanipulation in lebenden Organismen an fast beliebigen Stellen und in beliebigem Kontext aktiviert werden können. Und das alles in nahezu beliebigen Farben. Die Strukturforschung kann so das Zusammenwirken verschiedener Zellkomponenten untersuchen. Durch Färbungen im lebenden Präparat können wir heute sozusagen in die geheimnisvolle Maschinerie der Lebensvorgänge direkt hineinschauen – im Sinne des Wortes.

Im Folgenden werden einige Stufen bei der Entwicklung der Lichtblattmikroskopie für die Anwendung in der Biologie mit fluoreszierenden Farbstoffen beleuchtet. Das kann natürlich im Rahmen dieses Mediums nur sehr unvollständig geschehen; und weil der Gärungsvorgang sozusagen soeben erst richtig Fahrt aufgenommen hat, muss mit überschäumenden Neuerungen schon bei der Veröffentlichung gerechnet werden.

OPFOS – gute Ideen und das akronymische Leiden

5

Die Entwicklung des ersten Gerätes für Lichtblattmikroskopie an fluoreszenz-gefärbten Objekten aus der Biologie hatte einen optischen Hintergrund: Wenn man ein dickes Präparat in allen drei Dimensionen aufzeichnen möchte, nimmt man für gewöhnlich einen „Bildstapel" auf. Man beginnt an der Oberfläche und fokussiert dann inkremental in das Präparat bis zur anderen Seite, wobei nach jedem Schritt ein „flaches" Bild aufgenommen wird. In einem konfokalen Mikroskop kann man dabei optische Schnitte verwenden, deren Dicke durch die Beugung limitiert ist. Allerdings gibt es dabei ein Problem: Die Lichtverteilung ist nicht in allen drei Raumrichtungen gleich. Ein Punkt wird bei der Beleuchtung in ein Rotationsellipsoid umgewandelt. Dasselbe gilt auch für den sensorischen Teil des Lichtweges. Das hat zur Folge, dass – im besten Falle – die Auflösung lateral doppelt so hoch ist wie axial (zur Auflösung siehe z. B. [5]). Je kleiner die Apertur des Objektives, desto größer ist der Unterschied – desto länglicher der Ellipsoid. Hinzu kommt, dass bei einer zylindrischen Figur an der Ober- und Unterseite ein kleinerer Teil der Zylinderfläche zum Signal beiträgt als an den Seiten. Letztere erscheinen bei einer Oberflächenfärbung – beispielsweise von membranösen Strukturen – heller, weil mehr Fläche in die Punktverwaschungs-funktion (point spread function, PSF) eintaucht (vgl. Abb. 5.1).

Um dieses Problem zu umgehen, haben Voie et al. [19] die Lichtblattmikro-skopie für Fluoreszenz verwendet. Das Präparat, die Hörschnecke von Meer-schweinchen, ist ja in erster Näherung ein zylindrisches Objekt.

Um das Lichtblatt zu erzeugen, wurde auch hier eine Zylinderlinse verwen-det, allerdings in anderer Form als oben für die Partikelmessungen beschrieben (Abb. 5.2). Ein Laserstrahl wurde zunächst aufgeweitet, sodass sein Durchmesser in der gewünschten Dimension des Lichtblattes liegt. Dann wird dieser Strahl mit einer Zylinderlinse von größerer Brennweite als bei einem Glasstab fokussiert. Die Brennweite wird so gewählt, dass die in Abb. 4.1 erwähnte „Fokuslinie" zu

© Springer Fachmedien Wiesbaden GmbH 2017

R.T. Borlinghaus, *Die Lichtblattmikroskopie,* essentials,

DOI 10.1007/978-3-658-16810-0_5

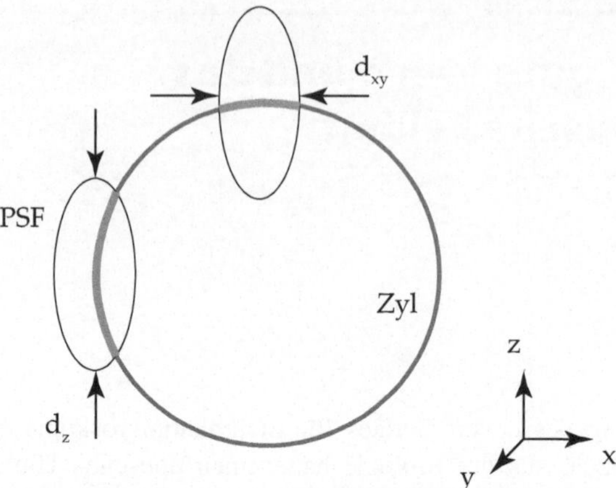

Abb. 5.1 Anisotropie in der Mikroskopie. Die Punktverwaschungsfunktion PSF schneidet aus einem horizontal liegenden Zylinder (Zyl, hier nur ein Querschnitt dargestellt) an den seitlichen Flanken mehr Fläche und der Bildpunkt ist deshalb heller als bei den polaren Flanken. Die Auflösung, umgekehrt proportional zur Ausdehnung d der PSF ist axial schlechter (d_z ist größer) als lateral (d_{xy} ist kleiner)

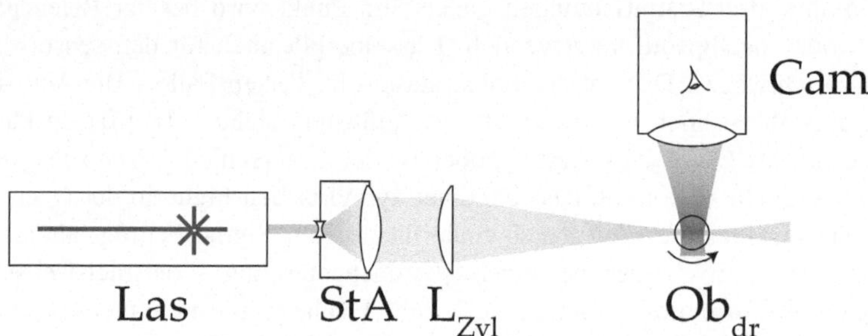

Abb. 5.2 Lichtblattmikroskop für biologische Objekte mit Fluoreszenzfärbung. Das Licht (Strahl von links nach rechts in grün) aus einem Laser (Las) wird mit einem Strahlaufweiter (StA) aufgeweitet und mithilfe einer Zylinderlinse (L_{Zyl}) fokussiert. Im Fokusbereich wird das Objekt (Ob) drehbar (dr) montiert. Die Emission (von unten nach oben in rot) wird senkrecht zur Beleuchtung mit einer Kamera (Cam) aufgezeichnet

einer „Fokusfläche" wird. Streng genommen ist es freilich immer noch eine Linie, aber die Änderungen der Dicke sind entlang der Strahlachse nicht so steil. Wenn man nun eine gewisse Toleranz zulässt, dann kann man diesen Bereich um die Fokuslinie als Lichtblatt ansehen. Man hat sich darauf geeinigt, eine Abweichung von $\sqrt{2}$ von der dünnsten Stelle als tolerabel zu erachten. Durch diese Anordnung erhält man also ein Lichtblatt, dessen Intensität nicht von der Position entlang der Strahlachse abhängt, senkrecht dazu ist die Intensität so verteilt, wie es das Strahlprofil des Lasers vorgibt. Die Dicke des Lichtblattes wird aber von der Optik bestimmt, sie beträgt etwa λ/NA, wobei λ die Wellenlänge und NA die Apertur in der fokussierenden Richtung ist. Dieses Vorgehen ist insbesondere für die Mikroskopie wichtig, da man hier mit hohen Aperturen dünne Blätter erzeugen möchte.

Die Hörschnecke wird nun durch das dünne Lichtblatt „von links nach rechts" durchstrahlt. Dabei wird der eingesetzte Fluoreszenzfarbstoff in der bestrahlten Region angeregt. Die Kamera, deren Tiefenschärfe größer als die Dicke des Lichtblattes ist (siehe Abb. 3.1), zeichnet das Bild auf.

Im Gegensatz zur konfokalen Mikroskopie wird hier nur in der Schicht Fluoreszenz angeregt, die dann auch von der Kamera aufgezeichnet wird. Das schont den Farbstoff und das Präparat. Zu beachten ist aber, dass natürlich die Beleuchtungsintensität von links nach rechts abnimmt, da einerseits die Farbstoffe ja Licht absorbieren, andererseits auch opake Bestandteile und streuende Partikel das Anregungslicht vermindern. Das Bild ist also auf der Seite, auf der das Licht eindringt, viel heller als auf der gegenüberliegenden Seite (abhängig von der individuellen Situation im Präparat). Das emittierte Licht muss aus der Fokusebene natürlich noch das darüber liegende Material durchdringen, bevor es den Detektor erreicht, auch hier geht Signal verloren und die Bildqualität wird verringert.

In der „gewöhnlichen" Mikroskopie machen sich die störenden Effekte dadurch bemerkbar, dass das Objekt an der Oberfläche zunächst sehr hell und scharf ausschaut, sobald man aber in die Tiefe fokussiert, wird das Signal schwächer und das Bild wirkt verschwommener.

Der Vorteil des Lichtblattverfahrens liegt also nicht in einer besseren Durchdringung oder einer besseren Bildqualität bei sonst gleichen optischen Verhältnissen, sondern darin, dass nur der Teil des Objektes bestrahlt wird, aus dem auch Signal aufgenommen wird – das führt zu geringerem Ausbleichen der Fluorochrome. Der zweite Vorteil liegt darin, dass die Aufnahme parallel erfolgen kann, das ganze zweidimensionale Bild wird ja in einer einzigen Belichtung aufgezeichnet und nicht punktweise abgerastert. Das erhöht die Aufnahmegeschwindigkeit erheblich – besonders hilfreich ist das, wenn lebende Präparate untersucht werden.

Noch sind wir aber in den kartesischen Koordinaten von Lichtblatt und Kamerafeld. Die erwähnte Hörschnecke wurde nun nicht in z-Richtung linear verschoben, wie das bei normalem Fokussieren der Fall ist, sondern war so montiert, dass sie inkrementell um ihre Achse gedreht werden konnte. Nach jeder Winkelverstellung wurde ein Bild aufgezeichnet. Die Bildserie ist im Ergebnis kein Stapel, sondern eben eine Rotationssequenz, was gut zu den Polarkoordinaten des

Objektes passt. Aus diesen Serien konnten dann die dreidimensionale Struktur rekonstruiert werden [20] – mit gleicher Auflösung und Helligkeit (bezüglich der PSF) in allen Bereichen.

Das Verfahren bietet gleich noch einen Lösungsansatz für das oben beschriebene Problem der Intensitätsabnahme entlang der Beleuchtung: Wird das Präparat bei der seriellen Aufnahme um ganze 360° gedreht, dann erhält man über jeweils 180° zwei Serien komplementärer Bilder, die einmal von der ersten Seite und zweitens von der gegenüberliegenden Seite beleuchtet worden sind. Kombiniert man solche Bilder, dann kann man die Verluste zumindest teilweise ausgleichen. Im gewöhnlichen Mikroskop bestünde eine vergleichbare Lösung darin, dass man nach der Aufnahme eines Bildstapels das Präparat wie ein Steak in der Pfanne einmal wendet und dann einen zweiten Stapel aufzeichnet.

Das Verfahren wurde von den Autoren „Orthogonal-plane fluorescence optical sectioning" genannt und auf das Akronym „OPFOS" getauft. Zu Deutsch etwa: „Optisches Schneiden mit Fluoreszenz in Senkrechter Ebene". In den 80er Jahren des vergangenen Jahrhunderts wurde es große Mode, jede Modifikation eines Verfahrens mit einem neuen Namen und einem dazugehörigen Akronym zu belegen. Die Flut solcher Abkürzungen ist schnell zu einem heute noch anhaltenden Tsunami angewachsen. Vielleicht deshalb, weil man als Autor so die Möglichkeit hat, über ein kurzes Kunstwort die Suchenden in den Internet-Maschinen auf seine Arbeiten zu lenken? Oder dient es – ähnlich den Graffiti-Tags – nur zur territorialen Markierung? Im Folgenden sollen jedenfalls so wenig wie möglich solcher Akronyme verwendet werden, um die Darstellung verständlich und zivilisiert zu halten.

Lichtblattmikroskopie ist immer eine Variante des von Siedentopf entwickelten Ultra-Spaltmikroskops. Wesentlich ist die seitliche Beleuchtung eines kleinen, ausgewählten Volumens, üblicherweise in senkrechter Orientierung zur Beobachtungsachse. Neben Anwendungen in der Strömungstechnik, in der Oberflächenprüfung und in der makroskopischen Aufnahme biologischer Objekte hat die mikroskopische Verwendung von Lichtblättern in der Biologie einen besonders steilen Aufschwung genommen. Mit den ersten brauchbaren Bildern kamen schnell die ersten Verbesserungen und Modifikationen. Ob die Technologie nun gesättigt ist und die Fortschritte eher graduell bleiben, oder ob es noch dramatische neue Entwicklungen geben wird, ist meines Erachtens nicht vorherzusagen. Prophetische Voraussagen werden ja oft nur deshalb zitiert, weil sie sich später als korrekt erwiesen haben. Jene, die nicht eintrafen, werden gerne vergessen, auch wenn sie vom selben Autor stammen. Das liegt an der Liebe der Menschen, sich große Vorbilder zu basteln und diesen nachzufolgen. Um wirklich Freiheit zu genießen, muss man erwachsen werden und offene Fragen als offene Fragen stehen lassen. Statt nun also im Kaffeesatz zu rühren, sollen einige seit der Jahrtausendwende publizierten Methoden und Varianten zum Thema beschrieben werden.

6.1 Blick ins Leben

Wie schon oben erwähnt, hat die Lichtblattmikroskopie zwei deutliche Vorteile für lebende Objekte: hohe Bildraten und geringes Ausbleichen (und damit auch geringe Produktion von Giften, die aus geblichenen Farbstoffen entstehen). Deshalb wurde dieses Thema in der Gruppe um E. Stelzer aufgegriffen und bearbeitet

© Springer Fachmedien Wiesbaden GmbH 2017
R.T. Borlinghaus, *Die Lichtblattmikroskopie*, essentials,
DOI 10.1007/978-3-658-16810-0_6

[21]. Ein wesentlicher Aspekt bei der Untersuchung lebender Objekte ist die Präparation. Die klassische Methode, Objekte „irgendwie" auf Objektträger aufzubringen, um sie dann mit einem Deckglas zu versehen, damit man mit korrigierter Optik in einem gewöhnlichen Mikroskop untersuchen kann, bringt das lebende Objekt offensichtlich in Schwierigkeiten [22]. Typische lebende Objekte in der kurrenten biologischen Forschung sind etwa Froscheier, Nematoden, Larvenstadien von Obstfliegen, Keimlinge eines ansonsten ziemlich unauffälligen Unkrautes, der Acker-Schmalwand, und vieles mehr. Diese Lebewesen finden sich in der Natur nicht auf Objektträgern (von wenigen fenestrophilen Moosen und Algen abgesehen) und ziehen es vor, sich in Freiheit mit der Umwelt austauschen zu können, statt ein Deckglas übergestülpt zu bekommen. Irdische Lebewesen sind keine Flatlanders.

Eine Lösung für das Problem dreidimensionalen Wachstums besteht darin, die Objekte in weichen Agar einzubetten. Das ist eine gelatinöse Masse, gewonnen aus Rotalgen. Wer gerne Abmagerungskuren macht, kennt den Agar-Agar vielleicht als abführendes Füllsel, das für Menschen unverdaulich ist. In einem Weichagar können Wasser, Nährstoffe und Mineralien bequem diffundieren und das darin eingebettete Lebewesen muss nicht verhungern, sondern kann sich vergleichsweise komfortabel entwickeln. Die Versorgung mit den notwendigen Substanzen, Temperierung und Beleuchtung (bei Pflanzen) kann durch computergesteuerte Maschinerien über Wochen sichergestellt werden. So wurde es möglich, Entwicklungsvorgänge direkt im lebenden Organismus zu studieren. Durch fluoreszierende Proteine, die das genmanipulierte Objekt selbst an fast beliebiger Stelle herstellen kann, lassen sich einzelne Entwicklungsstufen, An- und Abschalten von Genexpression, Interaktionen zwischen verschiedenen Molekülen, aber auch einfach nur Änderungen der Gestalt über Stunden und Tage verfolgen. Spezielle Aufnahmetechniken erlauben auch großflächige Übersichtsdarstellungen, etwa von ganzen lebenden Gehirnen bei sehr hoher räumlicher Auflösung und über längere Zeiten hinweg [24].

6.2   Die Rückkehr des Rasterverfahrens

Ein Vorteil der Lichtblattmikroskopie ist die höhere Aufnahmerate, weil eine Kamera ein komplettes Bild auf einmal aufzeichnet – im Gegensatz zu einem Laserrasterverfahren, wo das Objekt punktweise abgetastet wird. Mit einer Zylinderlinse kann man zwar ein statisches Lichtblatt erzeugen, dennoch bleibt hier der Nachteil, dass dieses Lichtblatt nur so homogen wie das Strahlprofil des Lasers ist. Laser haben in der Regel ein Gauß-Profil. Darum muss ein nicht unerheblicher

Teil des Profils abgeschnitten werden, wenn man einigermaßen homogene Verhältnisse schaffen will. Hinzu kommt, dass der Einsatz von zylindrischer Optik nicht immer die gewünschten dünnen Lichtblätter zulässt. Die besten Ergebnisse erhält man mit konventionellen Optiken, die punktförmig fokussieren und eben kreisrund sind. Hier ist der Fokus bekanntermaßen keine Linie, sondern ein Punkt (cum grano salis). Und man kann nun eine Linie in der Umgebung dieses Punktes definieren, die hinreichend gleichmäßig dick ist, was man dann als „Lichtfaden" betrachten kann (Abb. 6.1).

Aus diesen Überlegungen in Verbindung mit der bekannten Laser-Scanning Technologie ergibt sich mühelos ein Verfahren, bei dem das Lichtblatt durch Rastern eines Lichtfadens in der Beobachtungsebene erzeugt wird [25]. Während der Lichtfaden das Sehfeld überstreicht, nimmt eine Kamera die Emission der Fluoreszenz auf. Da der Faden kontinuierlich über das Feld geführt wird, entstehen keine Lücken im Bild. Rasterspiegel werden üblicherweise aus einem Torsionsmotor mit einem an der Achse befestigten Spiegel aufgebaut. Ein Torsionsmotor ist im Grunde ein Elektromotor, bei dem die Rotorachse an einer Seite mit dem Stator fest verbunden ist, der Rotor kann sich dann nicht wirklich drehen, sondern nur verdrillen. Schnelles Umpolen der Spannung führt dann zu einer ebenso schnellen Drehung des Spiegels abwechselnd in beide Richtungen. Solche Motoren finden breiten Einsatz, etwa in den Barcode-Scannern an der Supermarktkasse, aber auch in der konfokalen Laserscan Mikroskopie. Rasterfrequenzen bis zu mehreren tausend Perioden pro Sekunde sind nicht ungewöhnlich. Dieses

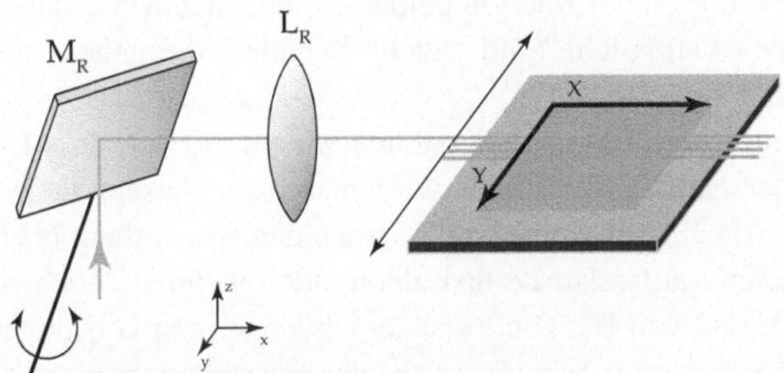

Abb. 6.1 Raster Lichtblatt. Laserlicht (Strahl von unten, grüner Pfeil) wird von einem Rasterspiegel M_R in eine Rasteroptik L_R geführt. Diese Optik erzeugt einen Bereich um den Brennpunkt herum, der als Lichtfaden bezeichnet werden kann. Wenn durch den Rastervorgang der Lichtfaden im Präparat in der xy-Ebene bewegt wird, erfolgt dadurch eine Beleuchtung des gesamten Feldes. Die Aufnahmezeit der Kamera muss mit diesem Rastervorgang synchronisiert werden oder sehr viel größer als ein Rastervorgang sein

Verfahren erlaubt daher auch Bildaufnahmeraten im Kilohertz-Bereich. In einem konfokalen Punkt-Raster-Verfahren werden zwei solche Spiegelfunktionen für die beiden Dimensionen in der Ebene eingesetzt. Im Kilohertz-Bereich lassen sich dort nur Linien erzeugen. Bilder, die aus mehreren hundert Linien aufgebaut sind, können deshalb nur mehrere hundert Mal langsamer erzeugt werden.

Rasteroptik ist in der Lichtmikroskopie eine gut eingeführte Technologie, und so können hier sehr dünne Lichtblätter hoher Qualität und guter Homogenität erzeugt werden. Wenn man schon ein Rasterverfahren für die xy-Ebene einsetzt, liegt es natürlich nahe, auch in der z-Achse über einen Rasterspiegel die Position dieser Ebene zu verstellen, um einen Bildstapel zu erzeugen. Das hätte den Vorteil, dass nicht das Präparat selbst bewegt werden muss, das ja oft groß, schwer und empfindlich gegen Erschütterungen ist. Beim axialen Rastern muss dann aber auch der Tiefenschärfebereich der Kamera ebenso verstellt werden, etwa durch mechanisches Nachführen des Mikroskop-Objektives.

6.3   Selbstheilende Strahlen

„Heilend" ist für die meisten von uns erst einmal ein überraschendes Prädikat für Strahlung. Wo doch die verstrahlte Gegend um Tschernobyl höchst gesundheitsschädigend sein und der „Gorleben soll leben"-Sticker am Parka uns doch vor Strahlung bewahren soll. Ganz so bedingungslos tödlich ist ionisierende Strahlung wohl doch nicht [26], und hier ist ohnehin natürlich elektromagnetische Strahlung von geringer Energie gemeint – beispielsweise das wärmende und lebensspendende Sonnenlicht. Und welche Schäden, die geheilt werden müssen, kann so ein Strahl nun erleiden?

Einen gewöhnlicher „Laserstrahl" stellen wir uns so vor, dass Licht mit einem bestimmten Querschnitt ausgestrahlt wird und dann dieser Querschnitt erhalten bleibt. Etwa so, wie ein gut gemachter Zwirnsfaden von Anfang bis Ende auch den gleichen Querschnitt aufweist. Lichtstrahlen, auch wenn sie noch so gut gemacht sind, haben aufgrund von Beugungserscheinungen keinen konstanten Querschnitt. Und der oben beschriebene Lichtfaden für das Rasterverfahren ist gar kein Strahl, so wie wir ihn uns vorstellen, sondern eine lang gezogene Punktverwaschungsfunktion. Der Querschnitt ist im besten Falle an der Fokusposition ein Airy-Muster (und nur dort). Der in der geometrischen Optik verwendete Begriff eines Lichtstrahls hat gar keinen Querschnitt und ist nur ein konstruktives Hilfsmittel.

Nun haben sich die Optiker die Frage gestellt, ob es nicht ein Strahlprofil gäbe, das sich auch über beliebig weite Fortpflanzung hinweg nicht verändert. Und in der Tat wurde so etwas gefunden [27] und „Bessel-Strahl" getauft. Leider gibt es einen richtigen Bessel-Strahl nur in der Theorie, aber es ist möglich, einen näherungsweisen Bessel-Strahl über eine gewisse Strecke hinweg zu erzeugen [28] und damit ein Lichtblatt zu rastern. Während ein Gauß-Strahl das Profil einer Gauß-Kurve zeigt, hat ein Bessel-Strahl ein Profil aus konzentrischen Ringen, mit einem fadenähnlichen Kern in der Mitte. In der Praxis lassen sich die Verhältnisse dieser Komponenten variieren, und die innere Komponente kann so klein gemacht werden, dass das Lichtblatt am Ende dünner ist als das klassisch fokussierte Licht. Unangenehmerweise findet sich aber ein großer Teil der Energie in den äußeren Hüllen wieder, die den Vorteil wieder einschränken. Dennoch bleibt der innere Faden auch in Objekten mit vielen Hindernissen viel besser erhalten als im klassischen Fall: Auch hinter einem kleinen störenden Objekt bildet sich nach kurzem Abstand wieder dieser innere Faden. Daher die Bezeichnung „selbstheilend". Der Vorteil eines Lichtblattes aus Bessel-Strahlen liegt daher in dünneren optischen Schnitten und der besseren Durchdringung.

6.4   Nun doch etwas Überauflösung

In der Einleitung wurde erwähnt, dass die Lichtblatt-Mikroskopie zunächst keine Methode sei, mit der die klassische Auflösungsgrenze überschritten werden soll, wiewohl Kombinationen von Lichtblatt-Mikroskopie und Superauflösungstechniken natürlich dann auch wieder zu besserer Auflösung führen [29]. Das Konzept der quasi-Bessel-Strahl-Beleuchtung aus dem vorangegangenen Abschnitte erlaubt aber in Kombination mit anderen Verfahren (die selbst nicht Superresolution-Verfahren sind) dennoch Auflösungen jenseits der Beugungsbegrenzung – jedenfalls was die Dicke des optischen Schnittes angeht (Abb. 6.2).

Ein möglicher Kombinationspartner ist die 2-Photonen Fluoreszenzmikroskopie. Der Grundgedanke hinter der 2-Photonen Anregung [31] ist die Aufteilung des anregenden Photons im Fluoreszenzprozess. Wenn etwa eine Anregung mit einem blauen Photon von 480 nm möglich ist, dann kann man das auch mit zwei Photonen der Wellenlänge 960 nm machen, das wäre dann infrarote Strahlung. Da hier zwei Photonen mit dem Fluoreszenzmolekül reagieren müssen, ist die Konzentrationsabhängigkeit eine quadratische, wie es die chemische Kinetik lehrt (zur Wiederholung empfiehlt sich [30]). Das führt in einem Bessel-Strahl dazu, dass nur im inneren Faden Fluoreszenz angeregt wird, während in den äußeren Hüllen die Intensität nicht ausreicht, um merklich Anregungszustände zu erzeugen. Damit wird die störende Emission aus den äußeren Bereichen unterdrückt, und die Schichtdicke ist geringer als bei klassischer Anregung.

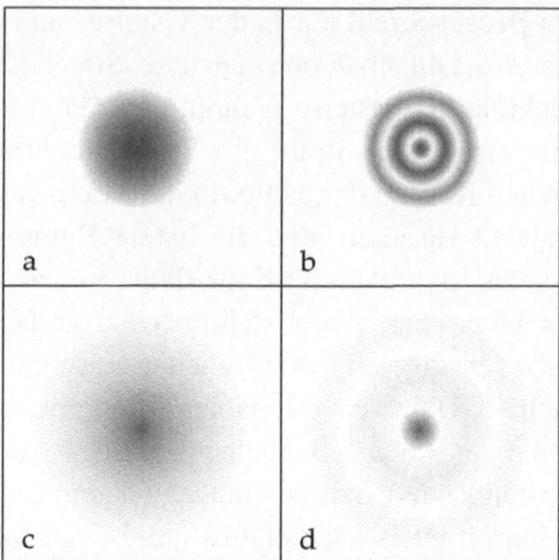

Abb. 6.2 Wirkung der Zweiphotonenanregung in einem Lichtstrahl. Links für ein Gauß-Profil, rechts für ein Bessel-Profil. Während bei der Einphotonenanregung (a und b, in blau) ein Bessel-Strahl auch Fluoreszenz in den äußeren Hüllen erzeugt, wird dies bei der Zweiphotonenanregung unterdrückt (c und d in rot), obwohl dort größere Wellenlängen eingesetzt werden, die die Auflösung proportional verschlechtern

6.5 Zweiwege-Lichtblätter

Wie schon erwähnt wurde, ist die Punktverwaschungsfunktion axial deutlich länger als radial. Um die Auflösung zu verbessern, indem zwei identische PSFs gekreuzt eingesetzt werden, wurde ein Konzept eingeführt, welches das ursprüngliche Mikroskop nur noch als luxuriösen Präparatehalter benutzt und das Lichtblattverfahren darüber stülpt [33][1]. Hier werden zwei identische Mikroskopobjektive benutzt, um zwei Lichtblätter zu erzeugen, die sich im Winkel von 90° schneiden. Zur optischen Achse des ursprünglichen Mikroskops stehen sie in jeweils 45°. Jedes Objektiv ist mit einer Apparatur verknüpft, die es erlaubt, sowohl als Beleuchtung mit einem Lichtblatt, als auch als Beobachtung mit einer Kamera zu fungieren. Lichtquellen- und Kamerapfad sind durch einen Strahlteiler getrennt. Während der Aufzeichnung

---

[1]Ein Lichtschnittverfahren, bei dem ebenfalls Beleuchtung und Beobachtung v-förmig über der Probe angeordnet wurde und das ursprüngliche Mikroskop dabei ganz weggefallen ist, wurde bereits anfangs des letzten Jahrhunderts als „Aufsetzbarer Oberflächenprüfer" beschrieben: ([18], S. 77).

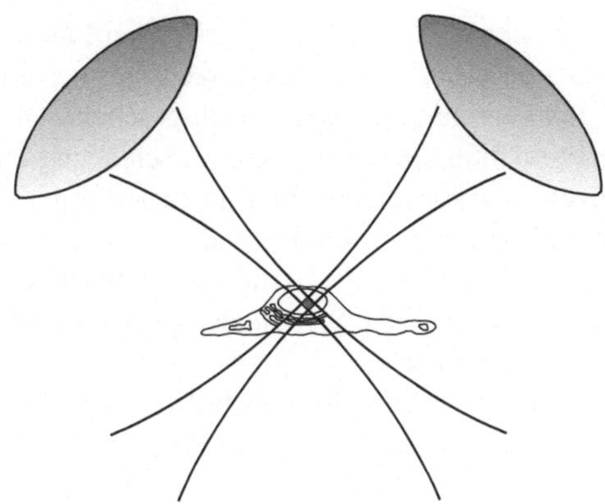

Abb. 6.3 Isotrope Auflösung durch gekreuzten Einsatz von zwei identisch gestalteten Lichtblättern. Einzelheiten im Text

wird ein Lichtblatt von einer Seite mittels eines Rasterspiegels von oben nach unten durch das Präparat bewegt, während auf der anderen Seite die Emission aufgezeichnet wird. Um die Tiefenschärfe mit der Position des Lichtblattes zu synchronisieren, wird das zweite Objektiv durch ein Piezo-Element fokussiert. Da beide Seiten symmetrisch konstruiert sind, kann man nach dem ersten Durchgang Beleuchtung und Beobachtung wechseln und einen zweiten Stapel aufnehmen (Abb. 6.3).

Anschließend werden die gesamten Daten zusammengefasst und mit ein paar ausgeklügelten Algorithmen ‚verwurstelt'. Heraus kommt ein dreidimensionaler Datensatz mit einer in allen Richtungen gleichmäßigen (isotropen) Auflösung in der Größenordnung des eingesetzten Lichtblattes.

Solch ein Gerät ist unabhängig vom eigentlichen Mikroskop, es erlaubt wieder klassisch präparierte Proben zu untersuchen und ist auch für schnelle Aufnahmen an lebenden Objekten geeignet.

6.6   Gummilinsen

In den 70ern des vergangenen Jahrhunderts war der Begriff Gummilinse allgemein bekannt und für pankratische Optiken gebräuchlich, heute benutzt man dafür das supercool klingende Wort „Zoom". Das ist schade, denn die allermodernste Technologie ist in der Tat sehr ähnlich einer wirklichen Gummilinse – ebenso wie auch die älteste optische Einrichtung überhaupt: die Augenlinse, die nun tatsächlich im wörtlichen Sinne eine Gummilinse ist.

Moderne Gummilinsen verwenden Flüssigkeiten, die durch pfiffige Verfahren
dazu gebracht werden, die Brechkraft der eigentlichen Linse zu verändern. Das
kann kontinuierlich und schnell geschehen. Insbesondere die Geschwindigkeit ist
hier wichtig, denn selbst die Verschiebung eines vergleichsweise schwergewich-
tigen hochkorrigierten und hochaperturigen Objektivs ist im Vergleich mit den
möglichen Aufnahmeraten und den gewünschten Geschwindigkeiten eher ein trä-
ges Unterfangen. Klassische Vario-Objektive, in denen Linsen und Linsensysteme
durch mechanische Stellglieder gegeneinander verschoben werden, sind natürlich
noch langsamer.

Moderne Gummilinsen wurden deshalb auch bereits für Aufnahmen mit Lichtblatt-Mikroskopie eingesetzt [34].

6.7   Matrix – Neuauflage

Wiewohl die Fluoreszenz ein sehr wirkungsvolles und unentbehrliches Werkzeug
zur Untersuchung allerlei Strukturen und metabolischer Änderungen geworden ist, hat es doch eine Achillesferse: Die Fluorochrome bleichen aus. Wenn
die Moleküle in den angeregten Zustand befördert werden, dann heißt das, dass
das elektronische System geändert wurde und mehr Energie enthält. Das elektronische System macht aber auch die chemischen Bindungen aus. So ist leicht
einzusehen, dass ein angeregtes System viel eher Chemie macht als ein System
im Grundzustand. Diese Chemie ist oft eine Zerfallschemie. Dabei verschwindet
nicht nur das Fluoreszenzmolekül und die Probe wird dunkler, oft entstehen dabei
auch reaktive Bruchstücke, die für lebendes Material ungesund sind – nicht selten tödlich. Diese Bleichvorgänge sind nicht nur von der gesamten eingetragenen
Energie abhängig, sondern auch von der Dosis [35]. Die gleiche Menge Licht in
kleinen Päckchen richtet weniger Schaden an, als wenn sie in einer einzigen großen Wagenladung abgekippt wird.

In Fortsetzung des Bessel-Strahl Konzeptes wurden Strahlmuster für die
Beleuchtung eingeführt, die statt an Fäden an Perlenketten erinnern: kleine Licht-
tröpfchen entlang der Beleuchtungsachse [36]. Dadurch soll das Ausbleichen bei
hoher Auflösung und Geschwindigkeit verringert werden. Allerdings ist der dazu-
gehörige optische Aufbau komplex und die gewünschte Strahlform wird im Präparat durch die unregelmäßige Verteilung unterschiedlich brechender Materialien
schnell zerstört. Darum ist auch die Eindringtiefe sicher sehr begrenzt.

6.8   Die Senkrechtwende

Eine gute Möglichkeit, Lichtblätter zu erzeugen, ist das Strahlrasterprinzip (Abschn. 6.2). Gut eingeführte Mikroskope, die dieses Prinzip benutzen, sind konfokale Laserraster-Mikroskope. Das ist die erste Zutat.

Der prinzipielle Unterschied zwischen gewöhnlicher Mikroskopie und Lichtblattmikroskopie ist die Orientierung der Beleuchtungsachse zur Beobachtungsachse. Bei gewöhnlicher Mikroskopie fallen sie zusammen ($0°$ bzw. $180°$), bei der Lichtblatt-Mikroskopie stehen sie senkrecht aufeinander. Um ein gewöhnliches Mikroskop in ein Lichtblatt-Mikroskop umzuwandeln, muss man also die Beleuchtung um $90°$ abknicken. Das optische Element, mit dem Strahlen üblicherweise abgeknickt werden, ist ein Spiegel. Das ist die zweite Zutat.

Aus diesen beiden Zutaten wurde bei Leica in Mannheim ein Gerät entwickelt, das sowohl konfokales Laserraster-Mikroskop als auch Lichtblatt-Mikroskop ist [37]. Das Prinzip erhielt den schwungvollen Namen „vertical turn", zu Deutsch etwa „senkrechte Wendung". Tatsächlich wird hier ein Knick in der Optik zu einer segensreichen Sache.

In einem konfokalen Punkt-Raster Mikroskop wird ebenso wie in einem gewöhnlichen Fluoreszenz-Mikroskop ein Bild im Auflicht erzeugt. Die Bildebene ist dabei senkrecht zur optischen Achse orientiert; so, wie man sich das bei einem ordentlichen Mikroskop vorstellt. Im gewöhnlichen Fluoreszenz-Mikroskop wird das gesamte Sehfeld auf einmal beleuchtet und betrachtet, also alle Bildpunkte gleichzeitig – ein paralleles Aufnahmeverfahren. Im Raster-Mikroskop wird stets nur ein einzelner Punkt beleuchtet und beobachtet: ein serielles Aufnahmeverfahren. Dieser Punkt muss in der Bildebene von links oben nach rechts unten zeilenweise durchgefahren werden, so wie dies in alten Fernsehern des vorigen Jahrhunderts war. Wie lange es dauert, um eine Zeile aufzunehmen, hängt natürlich von der Geschwindigkeit des Raster-Spiegels ab, der typische Wert von 1 kHz wurde schon erwähnt. Die Bildrate ist darum von dieser Rasterfrequenz und von der Zahl der Zeilen abhängig, mit der ein Bild aufgenommen werden soll. Der Zeilenvorschub wird von einem zweiten Raster-Spiegel gewährleistet. Die Zahl der Zeilen pro Bild lässt sich beliebig einstellen und sollte in einer hochwertigen Aufnahme der optischen Auflösung angepasst sein. Das kleinste Format enthält nur eine einzige Zeile, die in schneller Folge aufgenommen wird, der zweite Spiegel bleibt dabei in Ruheposition. Die dabei entstehenden Daten kann man in ein zweidimensionales Bild schreiben, das nun nicht die Dimensionen x und y hat, sondern die Dimensionen x und t. In der Biologie nennt man so eine Aufzeichnung ein Kymogramm und verwendet sie für sehr schnelle Vorgänge in lebenden Präparaten. Das beleuchtete Teilvolumen ist dabei eine Fläche, wie in

Abschn. 6.2 beschrieben, im Grunde also ein Lichtblatt – allerdings schauen wir noch auf die Blattkante (Abb. 6.4 links).

Nun montieren wir einen Spiegel in Höhe der Fokusposition und zielen mit dem zweiten Raster-Spiegel als neue Ruheposition auf diesen Spiegel. Der Spiegel ist so angeordnet, dass das Licht genau horizontal ausgelenkt wird. Durch die Rasterbewegung wird auf diese Weise in der Fokusebene ein Lichtblatt beleuchtet, dessen Emission mit einer Kamera aufgezeichnet werden kann (Abb. 6.4 rechts). Da im Lichtblatt-Modus nur ein Rasterspiegel aktiv ist, kann der zweite zur Auslenkung auf den Umlenkspiegel benutzt werden. Dabei spielt es zunächst keine Rolle, in welcher Richtung das Licht die Probe bestrahlt. Man kann beispielsweise auch einen zweiten Spiegel anbringen und die Probe von der Gegenseite beleuchten. So erhält man zwei Bilder, die fusioniert werden können, um die Absorptionsartefakte zu verringern. Im Extremfall kann man auch statt eines

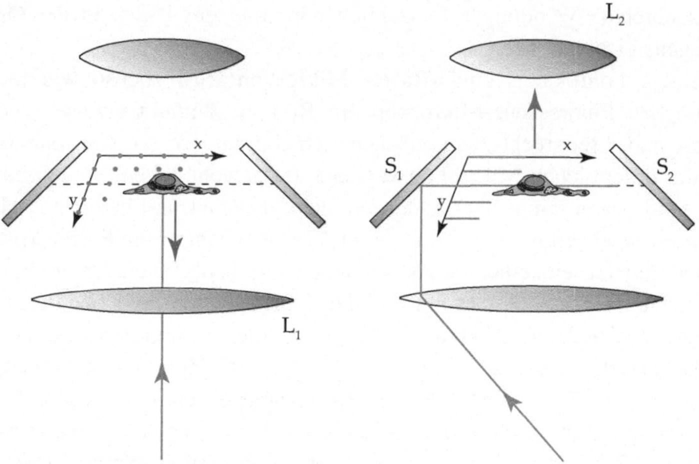

Abb. 6.4 Vertical turn Prinzip. Links: konfokaler Rastermodus. Anregungslicht (Strahl von unten in grün) wird durch ein Mikroskop-Objektiv L_1 auf die Probe geführt und diese punktweise in x und y abgerastert (grüne Punkte). Das Emissionslicht (roter Pfeil nach unten) wird durch L_1 aufgesammelt und dem Detektor zugeführt (nicht dargestellt). Rechts: Lichtblattmodus. Anregungslicht (Strahl von unten in grün) wird durch L_1 auf den Spiegel S_1 geführt und dadurch horizontal in der Fokusebene (gestrichelte Linie) in die Probe geleitet. Die Probe wird zeilenweise abgerastert. Das Emissionslicht (roter Pfeil nach oben) wird durch L_2 aufgesammelt und dem Detektor zugeführt (nicht dargestellt). Alternativ kann auch mit dem Spiegel S_2 von der Gegenseite beleuchtet werden

planen Spiegels, einen Kegelmantelabschnitt als Spiegel einsetzen und durch Ansteuerung beider Rasterspiegel in der Fokusebene eine rotierende Linie erzeugen.

Da das Lichtblatt aus dem Fokus des beleuchtenden Objektivs gebildet wird, muss dieses Objektiv beim Umschalten zwischen diesen beiden Verfahren so eingestellt werden, dass die Beleuchtung an der richtigen Stelle erfolgt. Der Unterschied ist der Abstand vom Umlenkspiegel zur Mitte des Sehfeldes.

Der Vorteil eines solchen Konzeptes ist, dass konfokale und Lichtblattmikroskopie in einem Gerät vereinigt sind. Das ist nicht nur eine Kostenfrage, sondern erlaubt auch die Kombination dieser beiden Verfahren im selben Experiment [38]. Im konfokalen Modus ließe sich beispielsweise eine ausgewählte Region belichten, um fotoaktivierbare Fluoreszenzproteine anzuschalten oder verwandte Techniken einzusetzen. Nach der Belichtung kann man dann im Lichtblatt-Modus die weiteren Geschehnisse mit hoher Zeitauflösung verfolgen.

Was Sie aus diesem *essential* mitnehmen können

- Wie ein Lichtblatt-Mikroskop funktioniert.
- Wozu man Lichtblätter benutzen kann.
- Wie man damit Unsichtbares dennoch erkennen kann.
- Welche aktuellen Neuerungen in dieser Technik wichtig sind.

© Springer Fachmedien Wiesbaden GmbH 2017
R.T. Borlinghaus, *Die Lichtblattmikroskopie*, essentials,
DOI 10.1007/978-3-658-16810-0

Literatur

1. Hooke R (1665) Micrographia or some physiological description of minute bodies made by magnifying glasses with obeservations and inquiries thereupon. Royal Society, London
2. Coons AH, Creech HJ, Jones RN (1941) Immunological properties of an antibody containing a fluorescent group. Proc Soc Exp Biol Med 47:200–202
3. Pardue ML, Gall JG (1969) Molecular hybridization of radioactive DNA to the DNA of cytological preparations. Proc Natl Acad Sci USA 64(2):600–604
4. Borlinghaus RT (2016) Unbegrenzte Lichtmikroskopie. Über Auflösung und Super-Hochauflösung und die Frage, ob man Moleküle sehen kann. Springer, Wiesbaden
5. Borlinghaus RT (2016) Konfokale Mikroskopie in Weiß. Optische Schnitte in allen Farben. Springer, Berlin
6. Kuhnert L (2008) Johann Kunckel – Die Erfindung der Nanotechnologie in Berlin. Kuhnert, Berlin, ISBN 978-3-00-23379-1
7. Orschall JC (1684) Sol sine veste, oder, Dreyssig Experimenta dem Gold seinen Purpur auszuziehen : welches Theils die Destructionem auri vorstellet, mit angehängetem Unterricht, den schon längst verlangten Rubin-Fluss oder Rothe Glass in höchster Perfection zubereiten. Augsburg
8. Abbe EK (1873) Beiträge zur Theorie des Mikroskops und der mikroskopischen Wahrnehmung. M. Schultze's Archiv für mikroskopische Anatomie IX:413–468
9. Nature (2015) Method of the year 2014. Nature Methods 12(1). http://www.nature.com/nmeth/journal/v12/n1/pdf/nmeth.3251.pdf. Zugegriffen: 14. Aug. 2016
10. Inoué S (1953) Polarization optical studies of the mitotic spindle. Chromosoma 5(1):487–500
11. Siedentopf HF, Zsigmondy RA (1903) Über Sichtbarmachung und Größenbestimmung ultramikroskopischer Teilchen, mit besonderer Anwendung auf Goldrubingläser. Annalen der Physik 4(10):1–39
12. McLachlan D (1964) Extreme focal depth in microscopy. Appl Opt 3(9):1009–1013
13. Rolls P (1968) „Photographic optics" C: depht of field and depth of focus. In: Engel CS (Hrsg) Photography for the scientist. Academic Press, London, S 120–127
14. Root N (1985) Light scanning photomacrography – a brief history and its current status. J Biol Photography 53(2):69–77
15. Root N (1986) Deep-field photomacrography. Photomethods 29(5):16–18

© Springer Fachmedien Wiesbaden GmbH 2017

R.T. Borlinghaus, *Die Lichtblattmikroskopie,* essentials,

DOI 10.1007/978-3-658-16810-0

16. Merzkirch W (1974) Flow visualization. Academic Press, New York
17. Root N (1991) A simplified unit for making deep-field (scanning) macrographs. J Biol Phot 51(1):3–8
18. Schmaltz G 1936: „Technische Oberflächenkunde" Kap. 3.4.24 „Das Lichtschnittverfahren". Springer, Berlin,S 73–81
19. Voie AH, Burns DH, Spelman FA (1993) Orthogonal-plane fluorescence optical sectioning: three-dimensional imaging of macroscopic biological specimens. J Microsc 170(3):229–236
20. Voie AT, Spelman FA (1995) Three-dimensional reconstruction of the cochlea from two-dimensional images of optical sections. Comput Med Imaging Graph 19(5):377–384
21. Huisken J, Swoger J, Del Bene F, Wittbrodt F, Stelzer EHK (2004) Optical sectioning deep inside live embryos by selective plane illumination microscopy. Sci 305:1007–1009
22. Larson G (1986) Life on a microscope slide. Andrews McMeel Publishing, Kansas
23. Abbott EA (1884) Flatland: a romance of many dimensions. Seeley, London
24. Keller PJ, Ahrens MB (2015) Visualizing whole brain activity and development at the single-cell level using light-sheet microscopy. Neuron 85:462–483
25. Keller PJ, Schmidt AD, Wittbrodt J, Stelzer EHK (2008) Reconstruction of zebrafish early embryonic development by scanned light sheet microscopy. Science 322:1065–1069
26. Friebe R (2016) Hormesis – das prinzip der widerstandskraft. Hanser, München
27. Durnin J, Eberly JH, Miceli JJ (1987) Diffraction Free Beams Phys Rev Lett 58:1499–1501
28. Fahrbach FO, Simon P, Rohrbach A (2010) Microscopy with self-reconstructing beams. Nat Photoncis 4:780–785
29. Zanacchi FC et al (2011) Live-cell 3D superresolution imaging in thick biological samples. Nat Methods 8(12):1047–1049
30. Adam G, Läuger P, Stark G (2009) Physikalische Chemie und Biophysik. Springer, Berlin
31. Goeppert-Mayer M (1931) Über Elementarakte mit zwei Quantensprüngen. Annalen der Physik. 9:273–294
32. Planchon TA et al (2011) Rapid three-dimensional isotropic imaging of living cells using Bessel beam plane illumination. Nat Methods 8(5):417–423
33. Wu Y et al (2013) Spatially isotropic four-dimensional imaging with dual-view plane illumination microscopy. Nat Biotechnol 31(11):1032–1038
34. Fahrbach FO et al (2013) Rapid 3D light-sheet microscopy with a tunable lens. Opt Express 21(18):21010–21026
35. Borlinghaus RT (2006) High speed scanning has the potential to increase fluorescence yield and to reduce photobleaching. Microsc Res Tech 69(9):689–692
36. Chen BC et al (2014) Lattice light-sheet microscopy: imaging molecules to embryos at high spatiotemporal resolution. Science 346:439 ff.
37. Knebel W, Sieckmann F (2011) „Verfahren und Anordnung zur Beleuchtung einer Probe" Patentschrift DE 10 2011 054 914 A1 201. Offenlegung am 2(5):2013
38. Köster I, Haas P (2015) Light sheet microscopy turned vertically. Opt & Photonic 4:39–43